多列式单体栏猪舍

多列式育肥猪猪舍

微生物发酵床猪舍

猪场大门消毒池

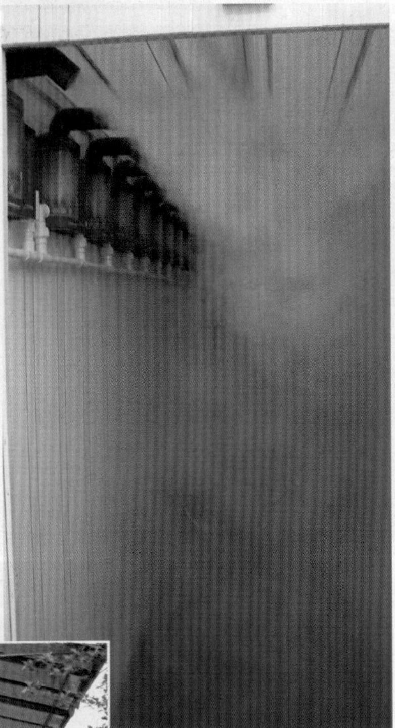

猪场人员雾化消毒设施

装猪台

猪场污水氧化处理

猪粪发酵加工成有机肥

猪场沼气发酵设施

病死猪处理干湿
式化尸池

病死猪处理化制机

工作人员翻动已处理
病死猪的生物发酵池

生猪标准化规模养殖技术

主编

武　英　成建国

编著者

郭建凤　林　松　盛清凯

呼红梅　王继英　蔺海朝

张　印　王　诚　王怀中

王彦平　韩丽娟　张　勇

金盾出版社

内容提要

本书由山东省农科院畜牧兽医研究所专家编著。内容包括：我国生猪产业标准化生产概况，标准化规模猪场建设，种猪繁育技术，猪的营养需要与饲料配制，生猪标准化饲养管理，生猪的疫病防治及生物安全技术，生猪标准化生态养殖与环境保护，生猪标准化养殖组织与养殖备案管理等。本书是笔者长期从事规模猪场技术服务的经验总结，操作性、实用性强，适合生猪生产一线的技术人员、管理人员以及基层技术推广人员阅读参考。

图书在版编目(CIP)数据

生猪标准化规模养殖技术/武英，成建国主编．—北京：金盾出版社，2014.7

ISBN 978-7-5082-9171-0

Ⅰ.①生…　Ⅱ.①武…②成…　Ⅲ.①养猪学　Ⅳ.①S828

中国版本图书馆 CIP 数据核字(2014)第 022143 号

金盾出版社出版、总发行

北京太平路 5 号(地铁万寿路站往南)

邮政编码：100036　电话：68214039　83219215

传真：68276683　网址：www.jdcbs.cn

封面印刷：北京盛世双龙印刷有限公司

彩页正文印刷：北京四环科技印刷厂

装订：北京四环科技印刷厂

各地新华书店经销

开本：850×1168 1/32　印张：8.625　彩页：4　字数：204 千字

2014 年 7 月第 1 版第 1 次印刷

印数：1～5 000 册　定价：18.00 元

前　言

当前，我国畜牧业正处于向现代畜牧业转型的关键时期，各种矛盾和问题凸显：生产方式落后，畜产品质量存在安全隐患，疫病防控形势依然严峻，大宗畜产品市场波动加剧，低水平规模饲养带来的环境污染日趋加重。这些问题的存在，已不能适应全社会对于畜产品有效供给、质量安全、公共卫生安全以及生态环境安全的要求，成为制约现代畜牧业可持续发展的瓶颈。

发展畜禽标准化规模养殖，是加快生产方式转变，建设现代畜牧业的重要内容，也是养殖成功者的必由之路。这几年来，在中央生猪、奶牛标准化规模养殖等扶持政策的推动下，各地标准化规模养殖加快发展，生猪和蛋鸡规模化比重分别达 60%和 76.9%，已成为畜产品市场有效供给的重要来源。加快推进畜禽标准化规模养殖，有利于增强畜牧业综合生产能力，保障畜产品供给安全；有利于提高生产效率和生产水平，增加从业者收入；有利于从源头对产品质量安全进行控制，提升畜产品质量安全水平；有利于有效提升疫病防控能力，降低疫病风险，确保人畜安全；有利于尽快改善生态环境，维护国家生态安全；有利于畜禽粪污的集中有效处理和资源化利用，实现畜牧业与环境的协调发展。

畜禽标准化生产，就是在场址布局、栏舍建设、生产设施配备、良种选择、投入品使用、卫生防疫、粪污处理等方面严格执行法律法规和相关标准的规定，并按程序组织生产的过程。即着力于标准制度的修订、实施与推广，达到“六化”，即畜禽良种化，养殖设施化，生产规范化，防疫制度化，粪污处理无害化和监管常态化。

近年来，中央1号文件关于加快畜禽养殖标准化、规模化的精神、农业部关于加快推进畜禽标准化规模养殖的意见、农业部畜禽标准化示范场管理办法（试行），以及国家颁布的很多关于标准化养殖的系列标准正在加快实施。然而，当前畜禽标准化规模养殖仍然面临着规模养殖比重低、标准化水平不高、粪污处理压力大等问题的挑战，生产中仍然与标准化要求有较大的距离。本书就是依据现有的国家标准、办法、规程，结合生产实际，对生猪标准化规模生产给予一个清晰系统的指导。

编 著 者

目 录

第一章 概 述

一、我国生猪产业标准化生产现状

从 2010 年开始，我国开始陆续对生猪、奶牛、蛋鸡、肉牛、肉羊、肉鸡、肉鸭等标准化规模养殖实施扶持政策，各地标准化规模养殖加快了发展，到 2012 年，生猪规模化（年出栏 50 头以上）比重达 61.14%，已成为畜产品市场有效供给的重要来源。

养猪业是我国畜牧业发展的主导产业。2012 年，我国生猪存栏量 47 492 万头（其中年底母猪存栏 5 067 万头），总出栏量 69 628 万头。2013 年，生猪存栏 47 411 万头，比上年下降 0.4%；出栏 71 557 万头，比上年增长 2.5%；年猪肉产量 5 493 万吨，比上年增长 2.8%，位居世界第一位，约占世界总产量的 47%。

近年来，我国养猪业生产方式发生了巨大变化，农村千家万户养猪大幅度减少，标准化规模养殖场加快发展，设施化水平不断提高，规模化、集约化生产技术得到广泛应用。据行业统计，2013 年全国年出栏 500 头以上的生猪规模养殖比重达 39%，比 2005 年提高 23 个百分点。

二、我国畜牧业标准化体系现状

2000 年以来，我国畜牧业标准化的管理体制逐步完善，管理机构基本健全，对推动畜牧业技术进步、规范畜产品市场秩序、提高我国畜产品的国际竞争力等都发挥了重要作用。

(一)标准化管理工作得到加强

畜牧业标准化管理体系基本建立。畜牧业标准化管理部门为农业部畜牧业司,全国畜牧总站为技术支撑机构,全国畜牧业标准化技术委员会负责畜牧业标准化技术归口管理。同时,各省、自治区、直辖市农牧业主管部门也都设立了相应的质量标准化管理机构,有些省还成立了畜牧业标准化技术委员会。畜牧业标准化管理逐步趋向规范化和科学化。

(二)标准制修订工作全面展开

2004 年,国家农业部组织制定了《2004—2010 年畜牧业国家标准和行业标准建设规划》,对标准制修订与实施做了全面部署。目前,我国畜牧业标准体系基本形成以国家标准为龙头、行业标准为主导、地方和企业标准为补充的四级标准结构。“十一五”期间,我国共发布畜牧业国家标准和行业标准 177 项,其中国家标准 94 项,行业标准 83 项。目前,现行有效的畜牧业国家标准和行业标准共 680 项,基本覆盖了畜牧业生产的各个环节,主要涉及品种、营养需要、饲养管理、畜产品质量与安全、畜产品加工等方面。

(三)标准化推广应用逐步深入

“十一五”期间,我国农业部和各省(自治区)组织举办了 100 多次畜牧业标准及标准化知识培训班,培训人员 8 000 余人次,畜牧业标准的推广应用逐步深入,畜牧业标准化水平逐步提高,为畜牧业又好又快发展提供了技术支撑。2010 年,全国创建了 1 555 个畜禽标准化示范场,通过示范带动,促进了畜牧发展方式转型升级。《种猪常温精液》、《牛冷冻精液》以及系列畜禽品种标准的颁布实施,为种畜禽质量监管、畜禽良种补贴项目实施提供了技术支撑。

二、我国畜牧业标准化体系现状

2010年，农业部在全国启动了畜禽养殖标准化示范创建活动，通过集中培训、现场指导，全国共创建530个生猪标准化示范场。2011年，在530个生猪标准化示范场基础上，遴选了44个生猪典型示范场。2012年和2013年，全国共创建了1300个畜禽标准化示范场，截止到2013年年底，全国共创建1425个生猪标准化示范场。2014年，计划在全国再创建300个畜禽标准化示范场。通过创建活动的示范带动，力争到2015年，我国主要畜禽规模养殖比重在现有的基础上提高10～15个百分点，其中达到标准化规模养殖的猪场（年出栏500头以上）占规模养殖场总量的50%。

主要示范要点如下。

第一，畜禽良种化。目前我国仍以杜洛克、长白与大白三大引进品种为主，有部分示范场饲养PIC、TOPIG、斯格等配套系猪。

第二，养殖设施化。布局采用多点布局，分娩舍、保育舍高床化已成为行业标准，母猪限位栏饲养仍是主流；水帘降温、负压通风普遍应用，全漏缝地板、隔热墙体获得行业认可，有多家示范场建设了空气过滤种公猪站。

第三，生产规范化。投入品管理做到引进原料的检测、登记，严格遵守饲料、饲料添加剂和兽药使用有关规定；生产信息电脑化管理已成为趋势，有少数示范场实现了数据采集自动化、信息管理网络化、信息反馈智能化。

第四，防疫制度化。选址与布局合理，生物安全保障设施齐全，科学免疫，采用化尸池、焚烧等多种方式对病、死猪进行无害化处理。

第五，粪污处理。沼气利用、种养结合是两种采用较多的粪污处理方式。

目前，我国生猪养殖模式主要有六种：①专业化养殖模式，专门从事种猪或肥育猪生产；②一体化养猪模式，从种猪、商品猪、饲料、加工形成了一条完整的产业链；③合作养殖模式，多家公司投资参股经营；④协会（或专业合作社）带农户养猪模式，生猪养殖大户自愿加入养猪协会（或专业合作社），做到统一生猪价格、统一饲料来源、统一防疫治病等；⑤“公司＋农户”模式，公司向农户提供猪苗、饲料和全程技术指导，肉猪由公司负责销售；⑥产销联建模式，即生猪生产、销售由过去的以农户为主的传统方式转向以龙头企业加协会为主的现代产销模式，实现产销对接，协会、加工企业、运销龙头企业加强与大城市及海外市场的联姻，是一种生猪产品开拓海外市场的有效方式。

（四）标准化工作中存在的主要问题

1. 标准化工作本身存在的问题

（1）标准建设投入不足　畜牧业标准建设是一个系统工程，需要有充足的资金保障。“十一五”期间，我国畜牧业标准制修订工作经费每年投入不足500万元，单个行业标准制定经费约7万元，而国家标准制定经费仅为2万元，与欧洲发达国家单项标准10万欧元相比，存在较大差距。畜牧业标准资金投入远远不能满足实际需要，严重制约了标准制修订的数量和质量及其推广应用。

（2）标准质量不高　在我国已颁布的标准中，一些标准技术内容的科学性、先进性及可操作性较差。一是标准内容交叉重复严重，个别标准名称模糊。二是标准对产品质量的描述倾向于定性的文字描述，缺乏可操作性的量化指标，不便于依据标准对产品进行检验，容易出现主观偏差。三是有些标准得不到及时修订，内容陈旧，不能满足生产的实际需要。四是标准采标率低，与国际接轨不够。目前，我国畜牧业国家标准的国际标准采标率只有40%左右，远远落后于欧美国家的80%，致使畜产品出口受阻的事件时有发生。

（3）标准体系尚不完善　目前肉、蛋、奶等标准体系中，畜禽生产环境、畜产品储运、质量评定分类分级、质量安全生产等标准还较为缺乏，满足不了畜牧业发展的需要。尤其是特色畜牧业养殖标准的制定更为滞后，如鸵鸟、鹌鹑等特种动物的品种标准、饲养标准、质量安全标准等均有待制定、完善。

(4)标准推广应用程度低　有的标准针对性和可操作性不强，有的标准涉及领域过窄、专业性过强，很难在生产中推广应用。一些标准发布后，由于宣传贯彻力度不够等原因，标准使用者不熟悉标准的有关规范要求，往往束之高阁，多年不用，在规范畜牧业生产中未能发挥应有的作用。

2. 标准化工作在生产执行中存在的问题　在我国，生猪生产经历了漫长的散养和副业地位的发展过程。自20世纪90年代末，规模化、工厂化养猪逐渐兴起，进入21世纪以来，规模化、集约化生产的现代养殖模式发展迅速，生猪年出栏100头以上的规模化比重快速加大，至2010年，已经占到总饲养量的70%以上。但以规范化的标准要求，其生产设备、饲养技术尚未完全达标，从业人员培训相对滞后，尤其在思想观念方面不能适应现代化养殖业的需要。

(1)猪场建设和规划不科学　我国猪舍多以砖混结构为主，由于缺少对猪场建筑设施的标准化和规范化研究，至今结构设计仍沿用工业与民用建筑设计规范，未能形成一系列与特定生产工艺相配套的定型猪舍设计和推广产品。虽然我国也有一些厂家在推广装配式猪舍，但往往没有考虑到我国不同地区气候特点，很难满足规模化养猪的环境和饲养要求，难以大面积推广。因此，针对不同地区气候的特点，结合不同生长阶段猪的生物学特性，进行猪舍设计定型化和标准化是畜牧工程工作者面临的一大难题。

猪场建设缺乏科学规划，盲目投资建设，忽视科学选址，暗藏安全隐患。如猪场选址靠近居民点、交通要道和其他畜牧场等；片面追求规模，呈现无序布局，猪场布局规划、生产工艺不利于生物安全等。农村多数猪场在选址、建筑设计、生产设备等方面缺乏基本的动物防疫条件,投资不足,生产设施简陋,设备简单,环境条件满足不了不同生长阶段猪的生理要求。

(2)配制饲料不合理　不能根据猪的不同生长阶段的营养需要合理搭配日粮,饲养周期长,饲料报酬低,养殖效益差。饲料生产成本居高不下,原料涨价使养殖业经济效益难以保障。

(3)饲养管理不规范　从业人员多数没有经过专业培训,生产技术水平低下,学历偏低,生产经营分散,抗风险能力差。农村大多数中小型猪场是单独生产经营的,没有生产计划,盲目性很大,生猪销售上受经销商左右,自主经营能力差。档案记录不全,标准化程度低,产品追溯难以进行。

(4)防疫制度化不强　从业人员防疫意识淡薄,没有疫病时不愿意防疫,或不及时防疫,发生疫病后,或处置不当,或治疗不及时,既造成经济损失,同时也增加了防控难度。多年的实践证明,不论是重大动物疫病还是常见病,防疫的难点和重点都在散养户。实施标准化规模养殖,能够克服散养中设施设备不全、技术力量不足、防疫消毒不彻底、粪污处理不严等多种弱点,既能有效控制内部疫病发生传出,又能抵御外来疫病传入,构筑起对动物疫病的一道屏障,为做好防控奠定基础。

(5)环境污染严重　生猪养殖所产生的大量粪尿如果处理不好,可直接对当地的环境造成污染和破坏。现今无论是大规模的现代化养殖场还是小规模的家庭散户养殖,对畜禽的粪尿处理还缺乏相应的环保措施和废物处理系统,粪尿未经处理就直接大批量的露天堆放或直接排入河流,造成对家畜和环境的污染,同时这些大量放置的粪尿也易造成人、畜疫病的发生。

在粪污处理方面,除了要从营养、生物技术等方面来控制猪粪尿中氮、磷等的排放量外,还应加大力度结合各地自然、地理状况,研究开发出适宜、简便、低耗的猪场粪污处理工艺,以减少建筑投资和运行费用，实现猪场的“清洁生产”，使之成为“无害化”企业，减轻对周边环境的污染。

三、发达国家畜牧业标准化工作的主要经验

（一）实用性强

欧盟、美国、日本等发达国家制定了比较完善的农牧业标准，规范了农牧业生产、加工和销售，有效保障了畜牧业安全高效生产。充分利用 WTO/TBT 协议（《世界贸易组织技术壁垒协议》）和 SPS 协议（《实施动植物卫生检疫措施的协议》）有关条款，制定了一系列严格的质量安全标准，控制国外农产品进入本国市场，有效保护本国农业及农民的根本利益。

（二）公开透明

发达国家制定标准程序规范、透明度高。国际食品法典委员会制定标准，首先在本领域专家参与标准起草与讨论的基础上，充分听取相关领域专家及有关国际组织意见，交各成员国官方评议，协商一致后方交专家委员会审议通过，标准草案完成后以公文或网络通告方式向社会征询意见，公民有权提出修改意见或建议，标准修订成熟后方可发布。

（三）全程控制

畜产品生产加工销售是一个有机的、连续的从生产到消费的过程。发达国家大部分都采用 HACCP（危害分析和关键控制点）体系对各个环节进行严格控制，强调从畜牧业投入品、生产到消费等各个环节全过程进行严格管理。这样既保护了生产者的利益，又维护了消费者的权益。

第二章　标准化规模猪场建设

在猪场规划设计中,容易忽视的问题包括:是否缺乏科学规划,有没有综合考虑选址、交通、防疫、水、电、粪污处理等要素;粪污处理设计或工艺运用是否合理;能否做到整栋或整个单元实施全进全出制度;有没有忽视环境控制;设备、种猪、饲料、人员、资金等是否配套等。

猪场的规划设计不合理将给以后生产带来很多麻烦。

第一,投产后不能正常高效生产。猪舍只能带猪消毒或转出后部分圈栏消毒,不能做到全进全出,猪场就难以实现高效益。粪污沟整栋相通,降低了消毒效果,增大了病原体传播的风险。

第二,不能满足通风与降温的要求。在冬季进风端温度过低,造成舍内空气质量恶化,形成通风、保温、排湿之间的矛盾。

第三,造成猪场定位不明确。由于规划不够科学、严谨,引种混乱,饲料配合不规范,设备不齐全,人员职责划分不清,甚至流动资金不充足,投产后不能正常运转,给生产带来很多困难。

一、猪场选址与规划

(一)场址选择

1. 地理位置要求　场址不得位于《中华人民共和国畜牧法》明令禁止区域,并符合相关法律法规及区域内土地使用规划;符合市域发展规划、环境保护规划以及相关法律法规要求,应坚持鼓励利用废弃地和荒山荒坡等未利用地、尽可能不占或少占耕地、节约用地的原则。选址应在各级政府规划的禁养区以外,禁止在风景旅游区、自然保护区、水源保护区、城镇建成区及规划区、污染严重环境区建场。应远离住宅区和主要交通道路，并且在城镇居民区常年主导风向的下风向或侧风向，避免气味、废水及粪肥堆置而影响居民区环境。应尽量靠近饲料供应和商品销售地区，并且交通便利、水电供应可靠。

2. 地势地貌要求 修建猪场应选择地势较高，干燥，排水良好，地下水位在 2 米以下，背风向阳的平坦场地，地形要开阔整齐，有足够的面积。若场地建在山区，一般应选择较为平缓的背风向阳的坡地，这种场地具有良好的排水性能，且光照充足，还可以避免冬季寒风的侵袭。山坡的坡度不宜过大，一般以不超过 25%为宜，否则不利于饲养管理和交通运输。切忌将猪场建在山顶、谷地或风口等处。

3. 选址防疫要求 猪场最好距离主要干道 400 米以上，一般距铁路与一、二级公路不少于 300 米，最好在 1 000 米以上，距三级公路不少于 150 米，距四级公路不少于 50 米。同时，要距离居民点、工厂 500 米以上，如果有围墙、河流、林带等屏障，则距离可适当缩短些。距离其他养殖场应在 500 米以上，距屠宰场和兽医院宜在 1 000 米以上。

4. 水源和供电要求 猪场应具有充足的、品质良好的水源，水源水量必须能满足场内生活用水，以供猪群饮水、绿化、防火及生活等之用。场址的选择应尽量远离化工厂、造纸厂、屠宰场等，以避免水源受到污染。对饮用水一定要经过卫生检验后才能给猪饮用。饮用水水质的标准应符合《生活饮用水卫生标准》(GB 5749—2006)。具体内容见附录 2。

猪场电力充足可靠，应建有供猪场饲料加工的 380 伏的三相电网和供应猪场照明的 220 伏的两相电网。猪舍内的供电系统与场内的供电网相连接，要求是保证舍内的生产用电。除照明设备外，各猪舍应根据系统中供暖、降温、空气净化处理设备的设置设计供电线路、插座及开关并设置动力线插座，以进行高压冲洗和消毒。产房需设计保温箱取暖及通风、降温等用电。

5. 土质选择要求　选择较为坚实的土质，以利于承受建筑物的重量。土壤的通透性好，导热性小，且未被传染病和寄生虫等病原体污染过。沙质的土壤因其透水性好且导热性小，是修建猪场的理想土质。

6. 每头猪占地面积要求　每头猪的占地面积应符合生猪养殖需要。如果按年出栏 1 头商品育肥猪所需面积计算，总占地面积为 2.5～3 米^2，生产建筑面积为 0.8～1 米^2，辅助建筑面积为 0.12～0.15 米^2。每头能繁母猪配套建设 8 米^2（销售猪苗）、12 米^2（销售活大猪）的栏舍面积，其中母猪区每头能繁母猪配套建设 5.5 米^2 栏舍。

（二）场地规划和建筑物布局

1. 场区布局　猪场的场址选定后，就应考虑猪场的总体规划和建筑物的合理布局。建筑物布局是否合理，关系到合理利用土地、正常组织生产、提高劳动生产率、降低生产成本、增加经济效益等一系列问题。猪场各建筑物的安排应结合地形、地势、水源、当地主风向等自然条件以及猪场的近期和远期规划综合考虑。猪场一般可分为 4 个功能区，即生产区、生活区、办公区（生产管理区）和粪污处理区（隔离区）。为便于防疫和安全生产，应根据当地全年主风向与地势安排以上各区，即生活区→办公区→生产区→粪污处理区。图 2-1 为 500 头繁殖母猪场示意图。

（1）生产区　生产区是养猪生产的主体部分，它包括：各类猪舍核心繁育区、保育区、育肥区、装猪台、隔离舍、饲料加工间和仓库等。为了防疫卫生，生产区应是独立、封闭的。

①猪舍。安排猪舍时，首先应根据猪场的地形、地势和风向等自然条件考虑猪舍的朝向。猪舍的朝向应尽量朝南，冬季可以增

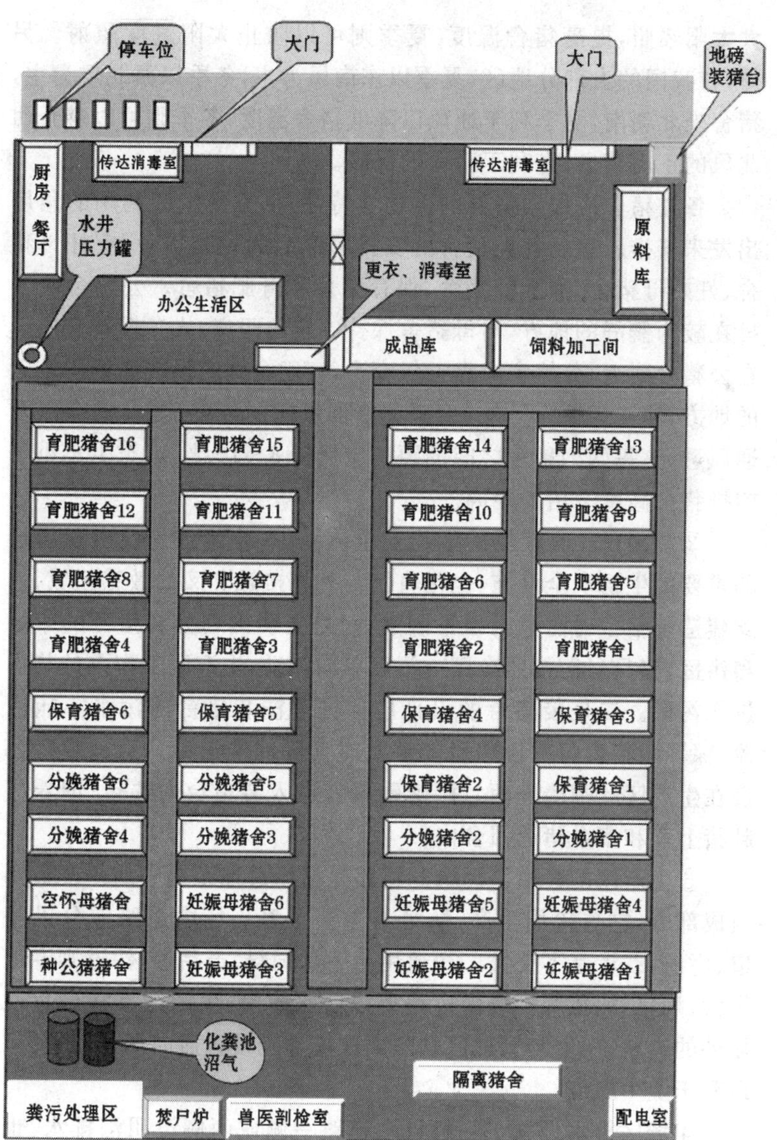

图 2-1　500 头繁殖母猪场布局示意图

大太阳辐照，提高猪舍温度，夏季则可以防止太阳过度照射。另外，在我国的大部分地区，夏季以东南风为主，冬季以西北风为主，猪舍坐北朝南，夏季利于通风以降低猪舍温度，冬季则可以避开西北风的正面袭击，有利于猪舍的保暖。

各类猪舍应根据猪群的生物学特性，从方便生产利用的角度出发来安排。猪场各类猪舍的安排顺序应为种公猪舍、空怀母猪舍、妊娠母猪舍、哺乳母猪舍、保育猪舍和育肥猪舍。公猪舍应安排在较为僻静的地方，与母猪舍保持一定的距离，人工授精室应设在公猪舍附近，分娩舍应靠近保育舍，育肥舍则应设在离场门较近的地方，便于运输。另外，为避免猪群疾病的传染、防火安全以及通风透光，每两列猪舍之间的距离应保持 8～10 米，或至少不小于前排猪舍高度 2 倍的距离。

②装猪台。在猪场的生物安全体系中，装猪台是仅次于场址的重要的生物安全设施，也是直接与外界接触交叉的敏感区域，因此建造装猪台时需考虑以下因素：一是要明确划分装猪台的净区和污区，猪只只能按照净区→污区单向流动，生产区工作人员禁止进入污区。二是装猪台的设计应保证冲洗装猪台的污水不能回流，保证装猪台每次使用后能够及时彻底冲洗消毒。三是装猪台设在生产区的围墙外面。严禁购猪者进入装猪台内选猪、饲养员赶猪上车和多余猪返回舍内。

③生产区的净道与污道。道路是猪场总体布局中的一个重要组成部分，它与猪场生产、防疫有重要关系。场内道路应分设净道、污道，二者互不交叉。净道用于运送饲料、产品等，污道则专运粪污、病猪、死猪等。场内道路要求防水防滑，生产区不宜设直通场外的道路，而生产管理区和隔离区应分别设置通向场外的道路，以利于卫生防疫。

④场区排水设施。一般可在道路一侧或两侧设明沟排水，也可设暗沟排水，但场区排水管道不宜与舍内排水系统的管道通用，

以防杂物堵塞管道影响舍内排污，并防止雨季污水池满溢，污染周围环境。

(2)办公区　包括猪场的办公室、会议室、接待室、车库、化验分析室、饲料加工车间、饲料仓库、修理车间、配电室、锅炉房、水泵房等。它们和日常的饲养工作有密切的关系，且与外界联系频繁，应严格做好消毒防疫工作。从防疫的角度出发，办公区应与生产区隔离，自成一院，其位置应设在生产区的上风向。

(3)生活区　包括职工宿舍、食堂、文化娱乐室以及运动场等设施，应位于生产区的上风向。

2. 场区绿化布局　植树、种草，搞好绿化，对改善场区小气候有重要意义。绿化可以美化环境，更重要的是它可以吸尘灭菌、降低噪声、净化空气、防疫隔离、防暑防寒。场区绿化可按冬季主风的上风向设防风林，在猪场周围设隔离林，猪舍之间、道路两旁进行遮阴绿化，场区裸露地面上可种花草。场区绿化植树时，需考虑其树干高低和树冠大小，防止夏季阻碍通风和冬季遮挡阳光。

二、猪场生产工艺设计

(一)饲养模式

根据饲养性质，猪场可分为三种模式：仔猪繁育场、商品猪育肥场和自繁自养场。

养猪的生产模式不仅要根据经济、气候、能源、交通等综合条件来确定，还要根据猪场的性质、规模、养猪技术水平来确定。如果规模太小，采用定位饲养，投资很高、栏位利用率低、每头出栏猪成本高，难以取得经济效益。又如，同样是集约化饲养，有的采用公猪与待配母猪同舍饲养，有的分舍饲养；母猪有定位饲养，也有小群饲养(图 2-2)；配种方式有自然交配，也有人工授精的。各类猪群的饲养方式、饲喂方式、饮水方式、清粪方式等都需要饲养模式来确定。在我国现阶段的养猪生产水平下，饲养模式一定要符合当地的条件，不能照抄照搬。在选择与其相配套的设施设备的原则是：凡能够提高生产水平的技术和设施应尽量采用，可用人工代替的设施可以暂缓采用，以降低成本。

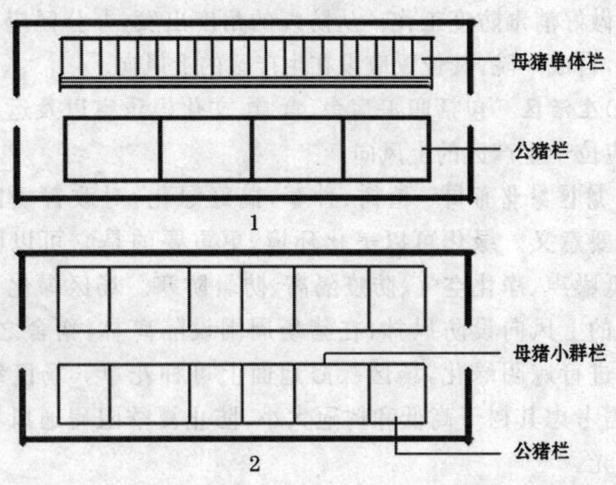

图 2-2　公猪与待配母猪同舍饲养

1. 母猪定位饲养　2. 母猪小群饲养

引自：刘继军．现代实用养猪技术（王爱国主编），2002

（二）生产工艺技术流程

生猪标准化生产一般采用分段饲养、全进全出饲养工艺。猪场的饲养规模不同、技术水平不一样，不同猪群的生理要求也不同，为了使生产和管理方便，提高生产效率，可以采用不同的饲养阶段，实施全进全出工艺。图 2-3 为标准化规模猪场生产工艺技术流程图。

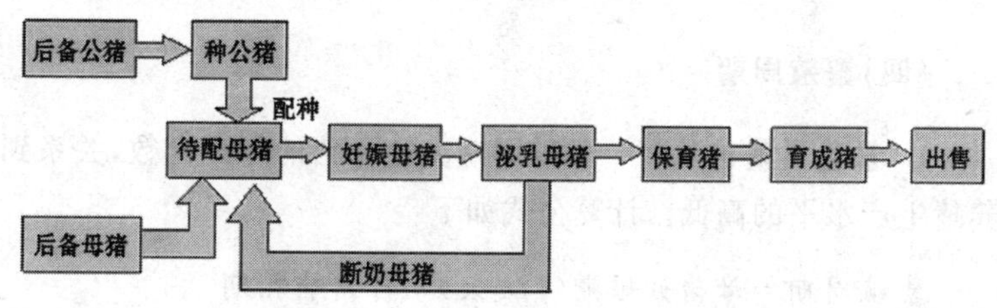

图 2-3 猪场标准化生产工艺流程

(三)猪场生产节律

生产节律是指相临两群泌乳母猪转群的时间间隔(天数)。在一定时间内,对一群母猪进行人工授精或组织自然交配,使其受胎后及时组成一定规模的生产群,以保证分娩后形成确定规模的泌乳母猪群,并获得规定数量的仔猪。合理的生产节律是全进全出工艺的前提,是有计划利用猪舍和合理组织劳动管理、均衡生产商品肉猪的基础。

生产节律一般采用 1 天、2 天、3 天、4 天、7 天或 10 天制,可根据猪场规模而定。实践经验表明,年产 5 万～10 万头商品肉猪的大型企业多实行 1 天或 2 天制,即每天有一批母猪配种、产仔、断奶、仔猪保育和肉猪出栏;年产 1 万～3 万头商品肉猪的企业多实行 7 天制,即 1 周制;规模较小的养猪场一般采用 10 天或 12 天制。

一般猪场采用 1 周制生产节律,与其他生产节律相比,有以下优点:①可减少待配母猪和后备母猪的头数,因为猪的发情期是 21 天,是 7 的倍数;②大多数母猪在断奶后第 4～6 天发情,3 周后检查母猪是否返情,可以集中配种和观察母猪返情;③利于猪场实行全进全出管理,产房保育舍等小单元设计在建设时可以节约成本。

(四)繁殖周期

1. 繁殖周期的计算　繁殖周期决定母猪的年产窝数,关系到养猪生产水平的高低。计算公式如下:

繁殖周期=母猪妊娠期(114 天)+仔猪哺乳期
+母猪断奶至受胎时间

其中,仔猪哺乳期一般采用 21～28 天,有的企业采用 35 天断奶。母猪断奶至受胎时间包括两部分:一是断奶至发情时间 7～10 天。二是配种至受胎时间,决定着情期受胎率和分娩率的高低。假定分娩率为 100%,将返情的母猪多养的时间平均分配给每头猪,其时间是,21×(1－情期受胎率)。故繁殖周期=114+35+10+21×(1－情期受胎率),即:

繁殖周期=159+21×(1－情期受胎率)

当情期受胎率为 70%、75%、80%、85%、90%、95%、100%时,繁殖周期分别为 165 天、164 天、163 天、162 天、161 天、160 天、159 天。情期受胎率每增加 5%,繁殖周期减少 1 天。

2. 母猪年产窝数　母猪年产窝数=(365/繁殖周期)×分娩率。即:

$$母猪年产窝数=\frac{365\times 分娩率}{124+哺乳期+21\times(1-情期受胎率)}$$

母猪年产窝数与情期受胎率、仔猪哺乳期的关系见表 2-1。由表 2-1 可知,情期受胎率每增加 5%,母猪年产窝数增加 0.01～0.02 窝/年。仔猪哺乳期每缩短 7 天,母猪年产窝数增加 0.1 窝/年,当仔猪哺乳期为 35 天时,母猪年产窝数很难达到 2.2 窝/年,仔猪 28 天断奶,母猪年产窝数很容易达到 2.2 窝/年。另外,分娩率 90%,母猪年产窝数降低 0.11～0.13 窝/年。可见,仔猪早期断奶和妊娠母猪的饲养是提高母猪生产力水平的关键技术环节。

表 2-1 母猪年产窝数与情期受胎率、仔猪哺乳期的关系

情期受胎率(%)		70	75	80	85	90	95	100
母猪年产窝数(窝/年)	21 天断奶	2.29	2.31	2.32	2.34	2.36	2.37	2.39
	28 天断奶	2.19	2.21	2.22	2.24	2.25	2.27	2.28
	35 天断奶	2.10	2.11	2.13	2.14	2.15	2.17	2.18

三、猪舍建筑设计

(一)猪舍类型

猪舍的建筑样式按猪栏排列方式分为:单列式、双列式、多列式和连体式。

1. 单列式猪舍 在猪舍内,猪栏排成一列,根据形式又可分为带走廊的单列式与不带走廊的单列式两种。一般靠北墙设饲喂走道,舍外设运动场,跨度较小,结构简单,建筑材料要求低,省工、省料,造价低,维修方便,让猪充分享受到阳光和运动,满足猪的生活习性。单列式猪舍用于妊娠舍(图 2-4)和育肥舍(图 2-5)。

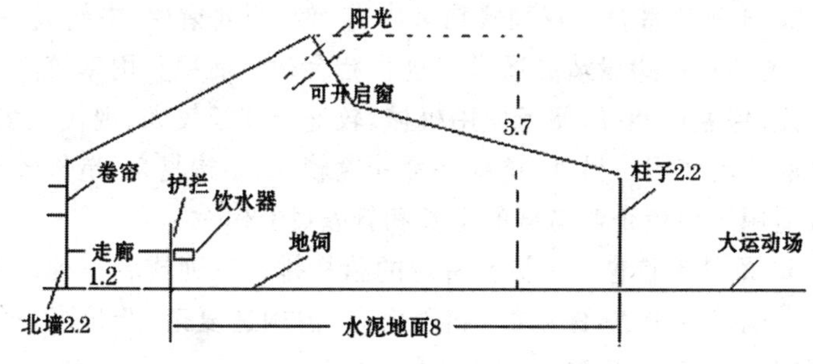

图 2-4 单列式妊娠母猪舍 (单位:米)

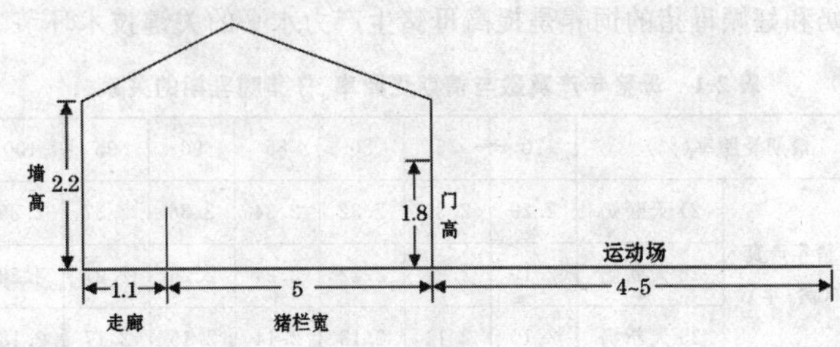

图 2-5 单列式育肥猪舍 （单位:米）

育肥舍的每个小圈舍有效面积为 30 米²，饲养数量为 15～20 头。

单列式猪舍的尾顶有单坡式、双坡式和平顶式三种形式。单坡式猪舍屋顶前檐高，后檐低，屋顶向后排水，这种结构通风透光，但保温性差；双坡式猪舍屋顶中间高，前后檐高度相等，两面排水，其通风透光及保温性能均较好，但造价比单列式猪舍高；平顶式猪舍屋顶一般用钢筋混凝土制成，因此其造价较高，其隔热性能和排水性能均较差，不适合南方高温多雨地区，但这种猪舍的结构牢固，可抵御风沙的侵袭，因此在北方地区较为适用。

2. 双列式猪舍 双列式猪舍内有南北两列猪栏，中间设一走道，有的还在两边设清粪通道。这种猪舍建设面积利用率较高，管理方便，保温性能好，便于使用机械，较适于规模较大、现代化水平较高的猪场使用。另外，这种猪舍跨度较大，结构复杂，造价较高，一般适用于种猪企业猪群的生长和繁殖(图 2-6)。

3. 多列式猪舍 一栋猪舍内的猪栏排成三列或者三列以上，每列之间设有走道，保温好，利用率高，但构造复杂，造价高，通风降温困难，不适宜生物发酵床养猪(图 2-7)。

图 2-6　双列式育肥猪舍

引自：Big Ducthman

图 2-7　多列式猪舍

4. 连体式猪舍　由两栋或两栋以上的圈舍连接在一起，这种猪舍容纳的猪只数量多，猪舍面积的利用率高，节省土地，保温效果好，节约建筑成本，有利于充分发挥机械的效率，因此多为大型机械化养猪场所采用(图 2-8)。

(二)猪舍基本结构

猪舍的基本结构包括地面、墙、门窗、屋顶等，这些又统称为猪舍的“外围护结构”。猪舍的小气候状况，在很大程度上取决于外围护结构的性能。

图 2-8　连体式猪舍

引自：王诚专利 200820227561.5

1. 地基、基础和地面　猪舍一般不是高层建筑，对地基的压力不会很大。因此，除了淤泥、沙土等非常松软的土质以外，一般中等以上密度的土层均可以作为猪场的地基。

基础的主要作用是承载猪舍自身重量、屋顶积雪重量和墙、屋顶承受的风力。基础的埋置深度，根据猪舍的总荷载、地基承载力、地下水位及气候条件等确定。基础受潮会引起墙壁及舍内潮湿，所以应注意基础的防潮防水。为防止地下水通过毛细管作用浸湿墙体，在基础墙的顶部应设防潮层。

猪舍地面是猪活动、采食、躺卧和排粪尿的地方。地面对猪舍的保温性能及猪的生产性能有较大的影响。猪舍地面要求保温、坚实、不透水、平整、防滑、便于清扫和清洗消毒。地面一般应保持2%～3%的坡度，以利于保持地面干燥。土质地面、三合土地面和砖地面保温性能好，但不坚固、易渗水，不便于消洗和消毒。水泥地面坚固耐用、平整，易于清洗消毒，但保温性能差。目前猪舍多采用水泥地面和水泥漏缝地板。为克服水泥地面传热快的缺点，可在地表下层用孔隙较大的材料，如炉灰渣、膨胀珍珠岩、空心砖等，增强地面的保温性能。

2. 墙脚和墙壁 墙脚是墙壁与基础之间的过渡部分，一般比室外的地面高出 20～40 厘米，在墙脚与地面的交接处应设置防潮层，以防止地下或地面的水沿基础上升，使墙壁受潮，通常可用水泥砂浆涂抹墙脚。

猪舍的墙壁要求既坚固耐用，同时又要求具有良好的隔热保温性能，保护舍内的小环境不受外界气候急剧变化的影响。墙内表面要便于清洗和消毒，地面以上 1～1.5 米高的墙面应设水泥墙裙，以防冲洗消毒时溅湿墙面和防止猪弄脏、损坏墙面。同时，墙壁应具有良好的保温隔热性能，墙壁的保温隔热性能直接关系到舍内的温、湿度状况。据报道，猪舍总失热量的 35%～40%是通过墙壁散失的。我国墙体的材料多采用黏土砖。砖墙的毛细管作用较强，吸水能力也强，为保温和防潮，同时为提高舍内照度和便于消毒等，砖墙内表面宜用白灰水泥砂浆粉刷，墙体做隔热保温处理，墙壁可用 0.3 厘米厚的集束板。墙壁的厚度应根据当地的气候条件和所选墙体材料的热工特性来确定，既要满足墙的保温要求，又要尽量降低成本和投资，避免造成浪费。

3. 屋顶 猪舍的屋顶要求结构简单、坚固耐用、排水便利，且应具有良好的保温性能。各地可以因地制宜做好房顶的隔热保温效果，如猪舍加设吊顶，可明显提高其保温隔热性能，但随之也增大了投资。

4. 门窗 猪舍门的设置首先应保证猪群的自由出入，以及运料和出粪等日常生产的顺利进行，因此猪舍的门一般不设门槛，也不设台阶，而是建成斜坡状，以免猪群出入时损伤肢蹄。另外，门是猪舍通风散热的重要部分，因此在北方寒冷地区，门的设计要密实且保温性能好，在冬季的主风向应少设或不设门。

窗户的设置对猪舍的采光和通风有重要的影响。窗户的数量越多，面积越大，舍内的光照和通风也越好。但是窗户的数量和面积不能无限地增大，因为数量和面积增大了，冬季通过窗户散失的热量也就越多，并且夏季通过窗户进入舍内的太阳辐射的外界热量也越多。可见，窗户的数量和面积应根据猪舍的建筑结构和当地的气候条件来确定。

（三）猪舍小单元建设

标准化规模猪场在猪群生产管理中通常采用全进全出的方式，要求母猪产房和仔猪保育舍采用小单元饲养方式。例如采用1周生产节律制，则要求1周内分娩的母猪在一个与其他圈舍通风、污水排放等完全隔离的圈舍中饲养。仔猪断奶前同一"小单元"饲养的仔猪，在断奶后相应的在同一"小单元"饲养，且每一个产床的仔猪转群后在同一个保育床上饲养，原则上采用原圈饲养的模式，不再分群饲养，最大限度地降低转群应激。

1. 产房的设计　产房的设计要母仔兼顾。母猪因分娩过程中生殖器官和生理状态发生迅速而剧烈的变化，机体的抵抗力降低，所以产后母猪对舍内环境和生产设备条件的要求较高。产房一般采用全封闭结构，分设前后窗户，进行舍内采光、取暖和自然通风，窗户的大小因当地气候而异，寒冷地区应前大后小。寒冷地区还应降低房舍的净高，加吊顶棚，采用加厚墙或空心墙，来增加房舍的保温隔热效果。此外，产房可根据情况适当添加一些供暖、降温和通风等设备。

产房的一个单元是根据全进全出，4周龄断奶设计的。全进全出保证仔猪断奶日龄的整齐度、简化记录，从干净区到脏区的流动，避免不同日龄仔猪之间的相互接触而感染。以存栏500头母猪为例，假设4周龄断奶，则产房可分成5个单元，同时容纳5组猪，每个单元有20个产床，再留1个单元消毒、空栏周转，6个单元轮流使用即可。

2. 保育舍的设计　保育猪舍设计的目的是为保育猪提供一个良好的生长环境，以发挥猪的生长潜能，获得好的效益。保育舍的设计根据产房的设计而定，采用全进全出的生产方式，保育舍单元按照全进全出、6～7 周保育期设计，假设 4 周龄断奶，在保育舍饲养到 70 日龄，则需要 6 周保育期，保育舍可分成 5 个单元，同时容纳 5 组猪，每个单元有 20 个保育栏(床)，再留 1 个单元消毒、空栏周转，6 个单元轮流使用即可。保育舍的建筑面积要根据猪场的生产规模和工艺流程来确定，根据每批次保育猪的数量、每头保育猪占 0.3～0.4 米^2 的猪栏面积便可计算出猪栏面积。同时考虑保育猪保育时间和保育栏消毒时间，根据保育舍的栏面积利用系数 70%则可算出保育舍的建筑面积。

保育舍可以用保育床，也可采取漏粪地板平面平养。保育床下面的坡度一定要大，建议 3%～5%，或者再大些，有利于冲洗。

3. 育肥舍的设计

(1)设计原则　造价低，使用方便；舍内地面不积水、不打滑，墙壁光滑易于清洗消毒；猪舍屋顶应有保温层，冬暖夏凉，易于环境控制。

(2)设计规模　根据自身经济条件和管理能力，最好一栋 10～15 间，养育肥猪 200～300 头，整栋猪舍实行全进全出。

(3)饲养方式　每栏 10 头小群饲养，猪苗进圈后训练定点排便；自动料槽喂干料或颗粒料，自由采食；自动饮水器饮水。

(4)栏墙设计　南北栏墙为二四砖砌水泥抹面的格棱花墙，中央走廊的通长栏墙为铁栏杆，以利通风。相邻两栏的隔栏为一二砖砌水泥抹面实墙，以防相邻两栏猪接触性疫病的传播。

(5)环境控制措施　夏季猪舍南北开放部分用塑料网或遮阳网密封，既通风又挡蚊蝇；冬季上面覆盖塑料薄膜保温，包括南北格棱花墙，舍内污浊空气由屋顶通气孔排出。夏季利用凉亭子效应，冬季利用温室效应基本可满足育肥猪的环境温度要求。夏季中午温度过高时，应在栏舍上方拉塑料管，每栏安装一个塑料喷头，进行喷雾降温。

4. 母猪舍的设计

(1)设计原则　造价低,使用方便;舍内地面不积水、不打滑,墙壁光滑易于清洗消毒;猪舍屋顶应有保温层,冬暖夏凉,易于环境控制(与“育肥舍的设计原则”相同)。

(2)设计规模　根据自身经济条件和管理能力来定。如500头繁育母猪场,小单元饲养,最好一栋10间,母猪25头左右,猪舍一端设休息间和操作间。如采用电子饲喂系统,每50～60头妊娠母猪圈养在一个90～100米^{2}的大栏中,根据饲养规模,每栏可以是同一批配种的妊娠母猪,也可以是不同日期配种的妊娠母猪进行混合饲养。

(3)饲养方式　空怀、妊娠母猪3～4头一圈小群饲养。设母猪料槽,空怀、妊娠母猪湿拌料(料水比1∶1)限量定时饲喂,保持七八成膘,临产时达九成膘;产仔母猪料水比1∶2,按能吃多少喂多少的原则充分饲养。母猪产后应固定奶头并训练仔猪吃奶后到保温箱内取暖。仔猪5～7天开始在活动补料栏内设料槽自由采食,料要少添勤喂;圈内设40厘米和15厘米的自动饮水器各1个,任其自由饮水。

(4)栏墙设计　南栏墙为厚24厘米的砖砌水泥抹面的格棱花墙,靠后走廊的通长栏墙为铁栏杆,北墙应设上窗和地窗,以利于夏季通风,相邻两栏的隔栏为厚12厘米的砖砌水泥抹面实墙,以防止相邻两栏猪接触性疫病的传播。

(5)环境控制措施　夏季猪舍南开放部分用塑料网或遮阳网密封,既通风又挡蚊蝇;冬季上面覆盖塑料薄膜保温,包括南北格棱花墙,舍内污浊空气由屋顶通气孔排出。夏季利用凉亭子效应,冬季利用温室效应基本可满足母猪的环境温度要求。夏季中午温度过高时,应在栏舍上方拉塑料管,每栏安装一个塑料喷头,进行喷雾降温(与“育肥舍的环境控制措施”相同)但产仔和仔猪保育期间不要喷雾降温,以防猪舍潮湿,仔猪腹泻。猪舍北墙的上窗和地窗夏季用塑料网封住，冬季用塑料薄膜密封保温。

5. 公猪舍的设计 公猪舍的构造布局（图 2-9）与空怀、妊娠猪舍相似，圈舍宽 3 米、长 4 米。公猪小运动场宽 3 米、长 6～10 米，另外，单独建一个公猪运动场，宽 20 米、长 40～60 米，运动场内安装饮水器，让公猪进行户外运动场运动。

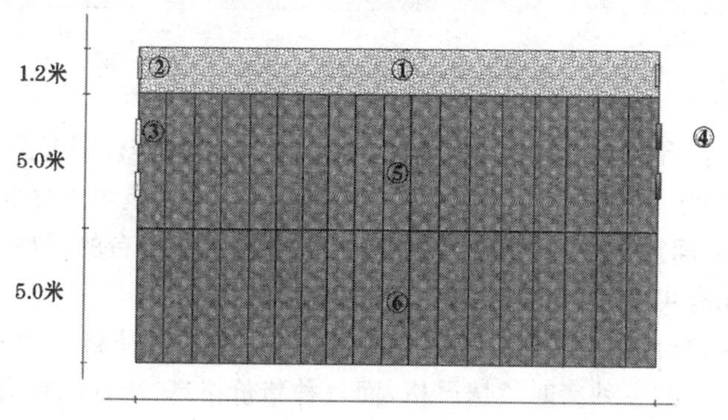

图 2-9 公猪舍平面设计图

①走道宽 1.2 米 ②门为推拉式宽 1.2 米 ③进风洞为 1.4 米×0.6 米
④风机为 1.4 米×1.4 米 ⑤猪圈宽 5 米 ⑥运动场宽 5 米

6. 装猪台与观察室的设计 装猪台是养猪场中出售猪时供装车用的建筑设施，也称出猪台。装猪台一般建造在生产区育肥舍或需要外售的猪舍末端靠围墙的一角，外面与场外运输道路相连，由赶猪通道、坡道和平台组成，赶猪通道和坡道宽度为 1～1.5 米，走道坡度不能过大，一般不宜超过 20°，平台面积 3～5 米²。赶猪通道、坡道和平台上均设置高度为 1 米左右的围栏或围墙，防止猪逃跑。装猪台的平台高度应与运猪车的车厢高度一致。平台上有通向围墙外面的栏门，装猪时通过赶猪通道、坡道将其赶至平台上，然后打开栏门即可将猪装上车（图 2-10）。

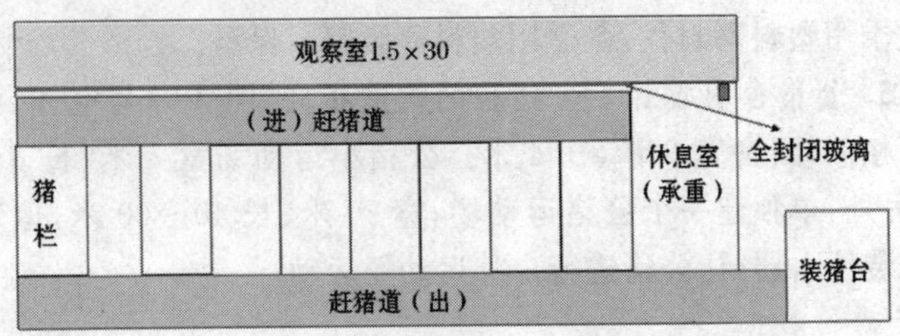

图 2-10　观察室和装猪台的设计方案　（单位：米）

装猪台的坡道和平台一般用砖砌筑，下面用碎砖做垫层或垫土后夯实。赶猪通道、坡道和平台的地面为厚 10 厘米的混凝土地面，其表面用 1∶2 的水泥砂浆抹面 20 毫米。装猪台的围栏、栏门等不能有尖刺、棱角等突出物、以免使猪受伤。

装猪台还应便于客户挑选猪只，这一点对于种猪尤为重要。由于客户购买种猪时挑选严格，而且种猪价格高，所以配置适当的猪观察室既有利于防疫，又可以提升猪场形象。

四、猪舍设备及配套设施

（一）猪栏设备

1. 公猪栏　在规模化养猪生产中，采用人工授精技术，可以提高公猪的利用率，减少公猪的饲养量，从而减少公猪舍的建筑和设备投资，而且还不必配备配种栏。公猪栏一般每栏面积为 7～9 米^{2}或者更大些。公猪栏每栏饲养 1 头公猪，栏长、宽可根据猪舍内栏架布置来确定，栏高一般为 1.2～1.4 米，栏栅结构可以是金属的，也可以是混凝土结构，但栏门应采用金属结构，便于通风和管理人员观察和操作。

2. 待配母猪栏　配种工作是提高繁殖效率与确保猪场全进全出均衡生产的基础，是养猪生产中十分重要的生产环节。我国的集约化猪场，多采用每周分娩日程安排，并按全进全出的要求来充分利用猪栏，管理人员必须周密安排好猪的配种、繁殖和生产管理，以期使猪栏的利用率达到 100%，并获得理想的受胎率、每窝产仔数和成活率。

猪舍配种栏的构造有实体式、栏栅式和综合式三种。在大中型工厂化养猪场中，应设有专门的配种栏（小型猪场可以不设配种栏，而直接将公、母猪驱赶至空旷场地进行配种），这样便于安排猪的配种工作。

配种栏的结构和尺寸与公猪栏相同，配种时将公、母猪驱赶到配种栏中进行配种（图 2-11）。

图 2-11　单体配种栏

引自：Big Ducthman

3. 母猪栏和分娩母猪栏

（1）母猪栏　规模化猪场繁殖母猪的饲养方式有大栏分组群饲、小栏个体饲养和大小栏相结合群养三种方式。其中小栏单体限位饲养具有占地面积少，便于观察母猪发情和及时配种，避免母猪争食、打架、互相干扰，减少机械性流产等优点，但个体小栏投资大，母猪运动量小，不利于延长繁殖母猪使用寿命。母猪栏结构有实体式、栏栅式和综合式三种。

母猪大栏的栏长、栏宽尺寸可根据猪舍内栏架布置来决定，而栏高一般为 0.9～1 米。个体栏，一般栏长为 2 米、宽 0.65 米、高 1 米。栏栅结构可以是金属的，也可以是水泥结构，但栏门应采用金属结构。

(2)分娩母猪栏　母猪产仔和初生仔猪的养育是养猪生产中非常重要的环节，初生仔猪个体小，体弱，调节体温的功能不健全，对寒冷的抵抗力差，在冬天产仔常出现冻死、压死、踩伤的危险，为了保证仔猪成活率高，在很大程度上取决于猪舍结构、供暖通风和分娩栏的结构。分娩栏是一种单体栏，是母猪分娩哺乳的场所。分娩栏的中间为母猪限位架，是母猪分娩和仔猪哺乳的地方，两侧是仔猪采食、饮水、取暖和活动的地方，母猪限位架后部安装漏缝地板，以清除粪便和污物，限位架两侧是仔猪活动栏，用于隔离仔猪，限位架一般采用圆钢管和铝合金制成。

分娩栏尺寸与猪场选用的母猪品种体型有关，长度一般为 2.2～2.3 米、宽度为 1.7～2 米，母猪限位栏的宽度为 0.6～0.65 米，多采用 0.6 米，高度为 1 米，母猪限位栅栏，离地高度为 30 厘米，并每隔 30 厘米焊一孤脚(图 2-12)。

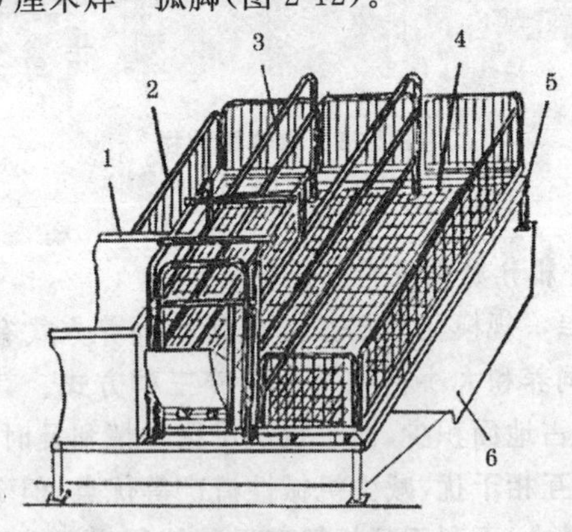

图 2-12　母猪分娩栏

1. 保温箱　2. 仔猪围栏　3. 分娩栏　4. 地板网　5. 支腿　6. 粪沟

4. 断奶仔猪保育栏 刚刚断奶转入仔猪保育栏的仔猪，生活上是一个大的转变，由依靠母猪生活过渡到完全独立生活，对环境的适应能力差，对疾病的抵抗力较弱，而这段时间又是仔猪生长最强烈的时期，因此，保育栏一定要为仔猪提供一个清洁、干燥、温暖、空气新鲜的生长环境。目前规模化猪场多采用高床网上保育栏（图 2-13），前几年主要用金属编织漏缝地板网，但效果不好，现在多以塑料材料做成漏缝地板。漏缝地区通过支架设在粪尿沟上（或实体水泥地面上），围栏由连接卡固定在漏缝地板网上，相邻两栏在间隔处设有一个双面自动食槽，供两栏仔猪自由采食，每栏安装一个自动饮水器。网上饲养仔猪，粪尿可随时通过漏缝地板落入粪沟中，保持了网床上干燥、清洁，使仔猪避免粪便污染，减少疾病发生，大大提高了仔猪的成活率，是一种较为理想的仔猪保育设备。

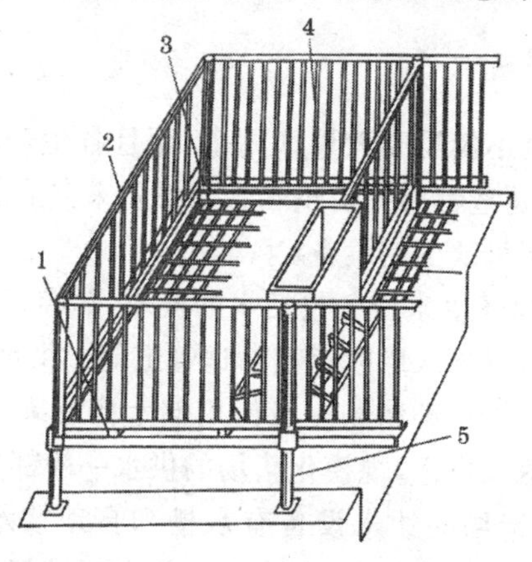

图 2-13 仔猪保育栏

1. 连接板 2. 围栏 3. 漏缝地板 4. 自动落料饲槽 5. 支腿

仔猪保育栏的长、宽、高尺寸，视猪舍结构不同而定，常用的规格为：栏长 2.5 米，栏宽 1.7 米，栏高 0.6 米，侧栏间隙 6 厘米，离地面高度为 25～30 厘米。可养 10～25 千克的仔猪 10～12 头。

实用效果很好。在生产中，保育栏也可采用金属和水泥混合结构，东西面隔栏用水泥结构，南、北面栅栏仍用金属，这样既可节省一些金属材料，又可保持良好通风。

5. 生长育肥猪栏 生长育肥猪栏的形式较多，其隔栏结构有砖砌隔栏、金属隔栏及综合式隔栏等三种形式，地面结构有三合土、砖或水泥地面以及水泥或金属漏缝地板等几种形式。三合土地面导热性小，柔软舒适，但易被粪尿等污染；砖砌地面也存在同样的缺点；水泥地面则太硬，且导热性大，不利于猪只的健康。漏缝地板的优点是易于清洗和消毒，水泥漏缝地板造价低廉，但损坏后不易维修，金属漏缝地板虽然造价较高，但使用和维修都较方便。漏缝地板直接架设在粪沟上，这种结构给管理带来很大的方便，其缺点是猪舍的湿度和有害气体的含量会很高。

(二)饮水设备

规模化猪场不仅需要大量饮用水，而且各生产环节还需要大量的清洁用水，这些都需要由供水饮水设备来完成。因此，供水饮水设备是猪场不可缺少的设备。

1. 供水 猪场供水设备包括水的提取、贮存、调节、输送分配等部分，即水井提取、水塔贮存和输送管道等。供水可分为自流式供水和压力供水。小型猪场一般使用储水槽或罐放置高处，利用压力差实行自流式供水；规模化猪场的供水一般都是压力供水。

2. 饮水 猪场的饮水设备有水槽和自动饮水器两种形式。水槽是我国传统的养猪设备，有水泥水槽和石槽等，这种设备投资小，较适合个体养殖户或没有自来水的小型猪场，其缺点是必须定时加水，工作量较大，且水的浪费大，卫生条件也差。自动饮水器可以日夜供水，减少了劳动量，且清洁卫生，一般规模化猪场多采用这种形式。

猪用自动饮水器的种类很多，有鸭嘴式、乳头式、杯式等(图

2-14)，目前猪场应用最为普遍的是鸭嘴式自动饮水器。

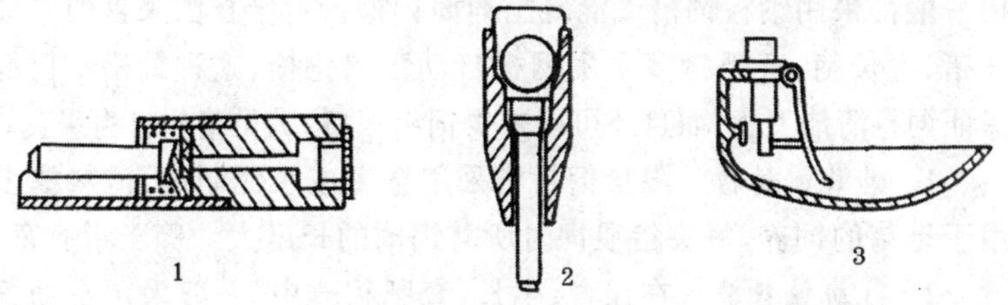

图 2-14 饮水器

1. 鸭嘴式 2. 乳头式 3. 杯式

在群养猪栏中，每个自动饮水器可负担 15 头猪饮用；在单养猪栏中，每个栏内应安装一个自动饮水器。需要注意的是，猪在不同的饲养阶段，自动饮水器的安装高度也不相同(表 2-2)。

表 2-2 自动饮水器安装高度 (单位:厘米)

猪群类别＼安装高度	鸭嘴式饮水器	乳头式饮水器	杯式饮水器
公 猪	55～65	25～30	80～85
母 猪	55～65	15～25	70～80
后备母猪	50～60	15～25	70～80
仔 猪	15～25	10～15	25～30
保育猪	30～40	15～20	30～45
生长猪	45～55	15～25	50～60
育肥猪	55～60	15～25	70～80

(三)饲喂设备

在养猪生产中，无论采用机械化送料饲喂还是人工饲喂，都要选配好饲槽和自动落料饲槽。对于限量饲喂的公猪、母猪、分娩母猪一般都采用钢板饲槽或混凝土地面饲槽。对于自由采食的保育仔猪、生长猪、育肥猪多采用钢板自动落料饲槽，这种饲槽不仅能保证饲料清洁卫生，而且还可以减少饲料浪费，满足猪的自由采食。

1. 限量饲料槽 限量饲料槽采用金属或水泥制成，该料槽多用于母猪的饲养，每头猪喂饲时所需饲槽的长度大约等于猪肩宽。

2. 自动饲料槽 在保育、生长、育肥猪群中，一般采用自动饲槽让猪自由采食。自动饲槽就是在饲槽的顶部装有饲料贮存箱，贮存一定量的饲料。随着猪只的采食，饲料在重力的作用下不断落入饲槽内。因此，自动饲槽可以隔较长时间加一次料，大大减少了喂饲工作量，提高了劳动生产率，同时也便于实现机械化、自动化喂饲（图 2-15）。

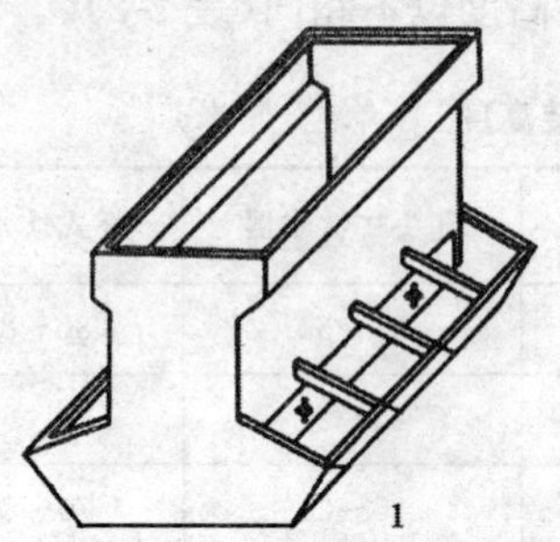

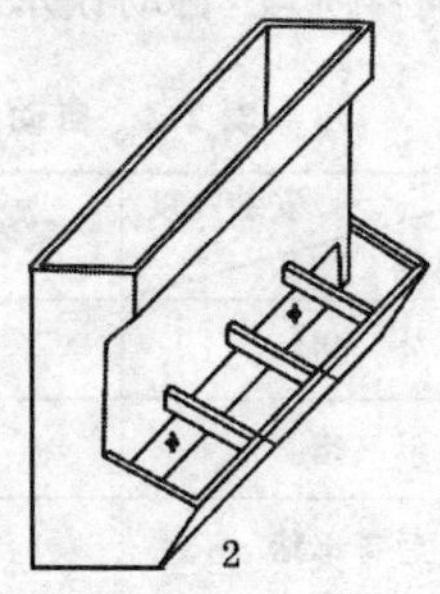

图 2-15 自动饲喂料槽

1. 双面料槽 2. 单面料槽

引自：成建国专利（专利号：200520125612X）

3. 自动饲喂系统 该项系统不仅能使饲料保持新鲜，不受污染，减少包装、装卸和散漏损失，而且还可以实现机械化、自动化作业，节省劳动力，提高劳动生产率。由于这种供料饲喂设备投资大，需要电，目前只在少数有条件的猪场应用，但随着劳动成本的增加，规模化猪场采用该项技术是一种趋势。

4. 智能化母猪群养系统 见图 2-16、图 2-17。

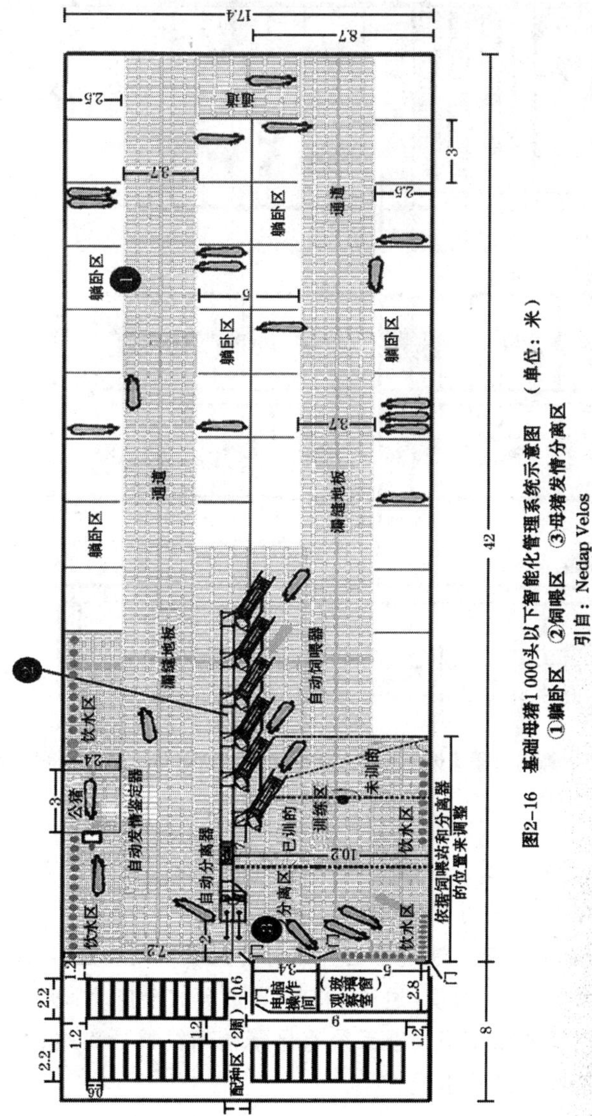

图2-16 基础母猪1 000头以下智能化管理系统示意图 （单位：米）
①躺卧区 ②饲喂区 ③母猪发情分离区
引自：Nedap Velos

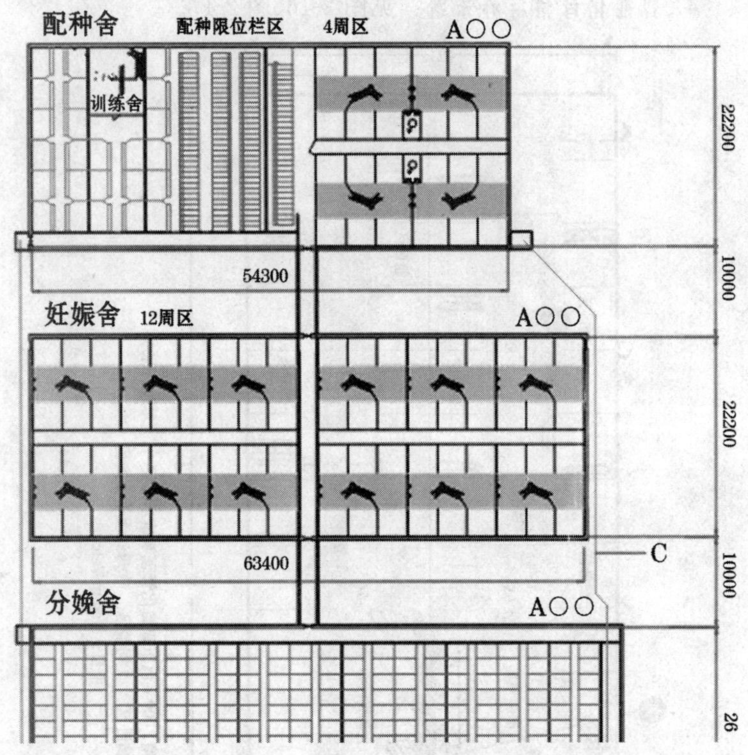

图 2-17 基础母猪 1 000 头以上智能化管理系统示意图 （单位:毫米）

引自:Nedap Velos

(1)精确饲喂 根据不同胎次、不同胎龄、不同季节对母猪进行精确饲养,节省了饲料,提高了生产性能。

(2)自动管理 通过中心控制计算机系统的设定,实现了发情鉴定及舍内温度、湿度、通风、采光、卷帘等的全自动管理。

母猪智能化精确饲喂系统有母猪精确饲喂分离站(图 2-18)、母猪发情鉴定站等组成。

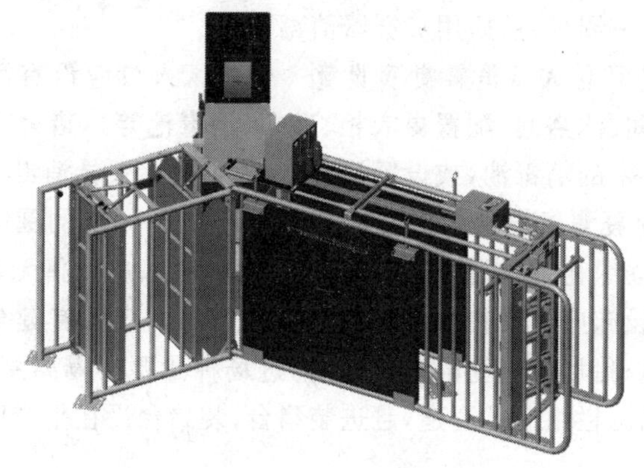

图 2-18　母猪精确饲喂分离站

引自：Nedap Velos

(四)防疫设施

1. 场区入口清洗消毒设施　门卫和消毒室设计见图 2-19。

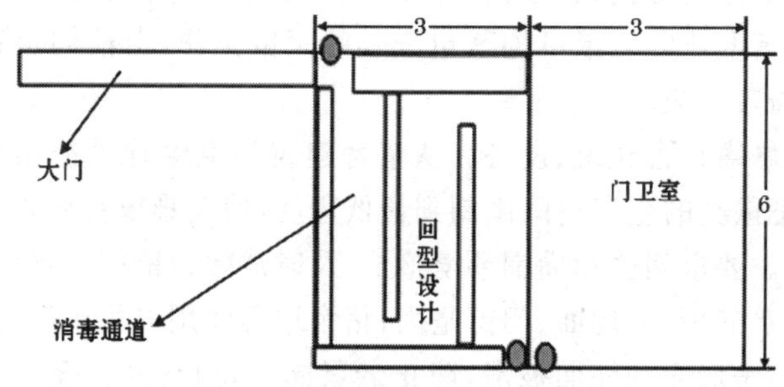

图 2-19　门卫和消毒室　(单位：米)

进入猪场场前区的所有人员，须先经洗手消毒后，进入场大门消毒间，站在消毒垫上消毒鞋底的同时，用紫外线灯照射 10 分钟以上，再经过设有光控喷雾器的走廊进行消毒。进入猪场场前区的所有车辆(一切车辆不许进入生产区)，须经过消毒池，池长须使车轮滚动一周半，然后用喷雾器消毒车体。

2. 生产区入口消毒更衣设施　生产区入口应设有消毒更衣室、洗衣间、沐浴间，配置更衣柜、鞋柜、消毒池等。猪舍入口处要设置长 1 米的消毒池，或设置消毒盆，以供进入人员消毒。

3. 防疫隔离设施　猪场周围筑有高 2.6～3 米的围墙或防疫沟，并建立绿化带；根据防疫要求，建有隔离室、病死猪无害处理间等，这些设施应建在猪场的下风处 50 米以外；应备有健全的清洗消毒设施；猪场应建立隔离观察舍，进场种猪要在隔离圈观察，出场经过用围栏组成的通道，赶进装猪台，装猪台设在生产区的围墙外面。

4. 预防鼠害、鸟害设施　根据防疫要求，猪场应建有预防鼠害、鸟害设施，以防止疫病通过老鼠、鸟类等媒介进行传播。

（1）鼠害预防

①建立规章制度。规模化猪场应培训并鼓励职工积极灭鼠，使灭鼠工作制度化，有考核、有目标，才能保持灭鼠工作的持续性。必要时请专业的灭鼠机构承包全年的灭鼠工作，由他们负责灭鼠任务，高效快捷。

②修缮猪舍建筑、设备。从猪舍建筑和卫生着手控制鼠类的活动，把鼠类的生存空间限制到最低程度，使其难以找到食物和藏身之所。要求猪舍和周围环境整洁，及时清除残留的饲料和垃圾；猪舍建筑的墙基、地面、门窗坚固；猪舍地面使用混凝土硬化、堵塞鼠洞；猪舍墙面和柱面披滑，防止老鼠向上攀爬；饲料仓库和职工住房门窗没有空隙，门下面使用 30～50 厘米的钢板包裹，防止老鼠啃咬。

③生物防治。使用老鼠的天敌黄鼬来灭鼠。一只黄鼬一年可以吃掉老鼠 600～800 只，可以在一定程度上控制猪场的鼠害。

④物理方法。物理方法灭鼠可以使用关、压、扣、套、粘、翻草堆、堵鼠洞、挖鼠洞、鼠洞灌水等方式。使用鼠笼、鼠夹等捕鼠工具

时,应注意捕鼠器放置的地方要得当。

⑤化学药物。在规模化猪场比较常用,优点是见效快、成本低,缺点是容易引起人畜中毒。因此要选择对人畜安全的低毒灭鼠药,并且设专人负责撒药布阵、捡鼠尸,撒药时要考虑鼠的生活习性,有针对性地选择鼠洞、鼠道。常用的灭鼠药有敌鼠钠、大隆、卫公灭鼠剂等(抗凝血灭鼠剂),主要机制是破坏老鼠血液中的凝血酶原使其失去活力,同时使毛细血管变脆,使老鼠内脏出血而死亡。此类药物的共同特点是不产生急性中毒症状,鼠类易接受,不易产生拒食现象,对人畜比较安全。

⑥中药灭鼠。用来灭鼠的中药主要有马钱子、苦参、苍耳、曼陀罗、天南星、狼毒、山宫兰、白头翁等。

(2)鸟害预防　猪场防鸟要设置防鸟网,不要让鸟进入养殖场,拉网捕到的鸟放掉,反复几次,起到震慑作用,鸟就不敢来了。把饲料库房、猪舍的门窗缝隙封闭严实,防止鸟进入采食。

5. 兽医、剖检设施　猪场要建立有一定诊断和治疗条件的兽医室、病死猪剖检室,建立健全免疫接种、诊断和病理剖检纪录。

(1)剖检室应选择地势较高、环境较干燥,并远离水源、道路、房舍和畜禽舍的地点,便于消毒和防止病原扩散。

(2)配置运送病死猪尸体的车辆和绳索等。

(3)配置剖检最常用的器械有:剥皮刀、脏器刀、脑刀、外科剪、肠剪、骨剪、外科刀、镊子、骨锯、双刃锯、斧头、骨凿、阔唇虎头钳、探针、量尺、量杯、注射器和针头、天平、磨刀棒或磨刀石等。

(4)兽医室要配置必要的检验仪器,如显微镜、细菌分离染色固定设备、药敏实验设备、病料取样和储运设备等。

(5)配置常用消毒药品。消毒药品有:3%～5%来苏儿、石炭酸、臭药水、0.2%高锰酸钾、70%酒精、3%碘酊等。最常用的固定液是10%甲醛或95%酒精。此外,还要准备凡士林、滑石粉、肥皂、棉花和纱布等。

(6)为剖解人员配置工作服，外罩胶皮或塑料围裙，戴胶皮手套、线手套、工作帽、穿胶鞋，必要时还要戴上口罩和眼镜。

(7)做好剖检记录(表2-3)，要求完整详尽，随时拍摄照片、影像资料，图文并茂，重点突出，描述客观。对病变的描述需注意几点：色有主次深浅，形有方圆点片，体有大小厚薄，位有里表正曲，量有多少轻重，质有硬软松实，味有香臭腥酸。

表2-3　病死猪尸体检验记录表

检验时间：　　　　检验地点：　　　　检验者：

畜　主					编　号				
畜　别		品　种		性　别		年　龄		剖检日期	
病料种类		尸体□	活体□		血□	其他□		送检人	
病历摘要									
病理变化									
化验项目									
诊　断									
材料处理	肉眼标本：		切片：		照相：				

五、猪舍环境调控设计

(一)通风控制

猪舍设计建设中应当充分考虑通风的问题，夏季高温季节科学合理的通风设计可以有效地排除舍内热量，降低圈舍的温度。在北方冬季不但要考虑到排除舍内多余的水汽、有害气体、粉尘和病原微生物，为猪只提供必要的新鲜空气，还要充分考虑到维护圈舍的温度。

通风分为自然通风和机械通风两种。自然通风不需专门设备，不需动力、能源，且管理简便，所以在实际应用中，开放式猪舍和半开放式猪舍以自然通风为主，在夏季炎热时辅以机械通风。在密闭式猪舍中，以机械通风为主。随着养猪生产的集约化、现代化发展，机械通风已成为控制猪舍环境的重要手段。

风机是机械通风系统中最主要设备，有轴流式和离心式两种。轴流风机常用于调节送风量，既可用于进风也可用于排风。猪舍的通风换气一般要求风机有较大的通风量和较小的压力，故多采用轴流风机。离心式风机适用于需较大风压进行较远距离送风的场合。对于通过管网均匀送风的进气通风系统，常采用离心式风机。

对于墙排风机来说，在满足了流量和静压要求后，还要考虑风机效率。一般较大直径风机每瓦输出功率输送的空气流量要比小直径风机多，从这个角度讲应尽量选用大风机。但一年中，有必要调节风机送风量，小流量风机便于调节风量，此外考虑到故障因素也应选用多台风机，因此一般以多台大小风机组合成的系统为好。

猪舍的通风设计一般有纵向通风设计、横向通风设计和复合通风设计等。

1. 纵向通风设计　夏季可以有效地降低圈舍温度，圈舍前后端的风速一样，简单而经济实用。该种设计方式适用于我国南方，夏季温度高，冬季温度不低且时间短(图 2-20)。

纵向通风时，风机设在猪舍山墙上或靠近该山墙的两纵墙上，进风口则设在另一端山墙上或远离风机的纵墙上。

纵向通风设计在不同生长阶段的猪有不同的要求(图 2-21)。

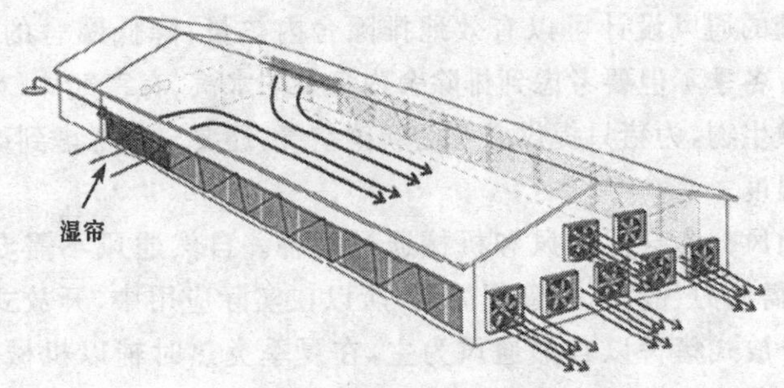

图 2-20　纵向通风示意图

引自:Big Ducthman

保育猪（7~30千克）

说明:
- 低风速，1米/秒
- 为小猪高保温区

育肥猪（30~100千克）

说明:
- 风速1~2.5米/秒
- 推荐开放式猪栏，利于风冷效应

公　猪

说明:
- 风速1~1.5米/秒。（低饲养密度）
- 推荐光照控制

分娩母猪

说明:
- 风速1.5~2.5米/秒
- 推荐为小猪装保温箱

矛盾:

母猪需要高风速=低温

小猪需要高温=低风速

图 2-21　不同生长阶段猪的通风要求

引自:Big Ducthman

2. 横向通风设计 此方法是冬季通风换气理想的设计模式，猪舍各处的温度和空气质量一样。非常低的风速进入猪舍，不产生风冷。冬天与加热系统配合，产生保温—换气模式。该种设计方式适于我国北方，冬季温度低且持续时间长(图 2-22)。

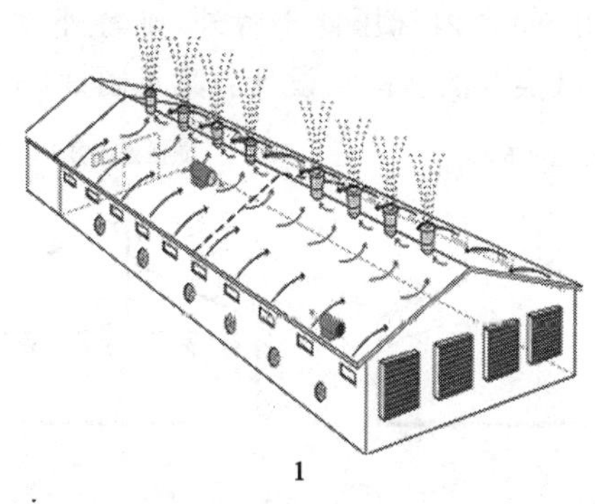

1

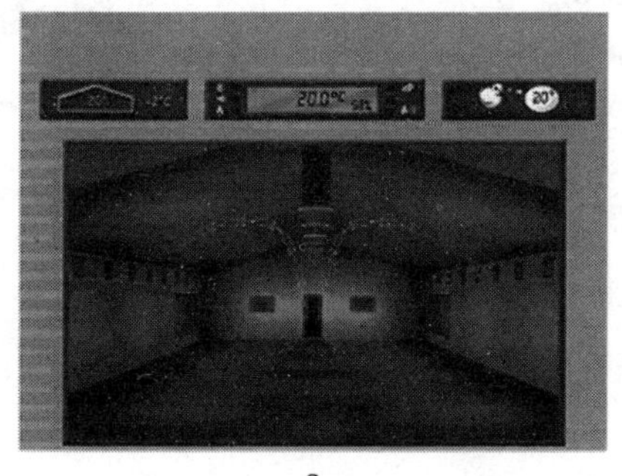

2

图 2-22 横向通风示意图

1. 舍外横向通风示意图 2. 舍内横向通风示意图

引自:Big Ducthman

横向通风时，风机可设在尾顶风管内，两纵墙上设进风口；或风机设在两纵墙上，屋顶风管进风；也可在两纵墙一侧设风机，另一侧设进风口。

3. 复合通风设计　猪舍通风通常采用正压通风和负压通风相结合的模式。正压通风，是将舍外空气用离心式或轴流式风机通过风管压入舍内，使舍内空气压力高于舍外，在舍内外压力差的作用下，舍内空气由排气口排出。负压通风，是用轴流式风机将舍内污浊空气抽出，使舍内气压低于舍外，则舍外空气由进风口流入，从而达到通风换气的目的。设计方案见图 2-23。

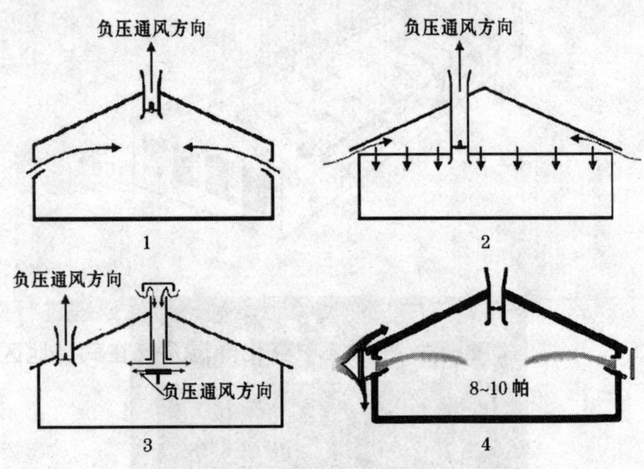

图 2-23　复合通风示意图

引自：Big Ducthman

注：图中未用文字标出的箭头方向为正压通风方向

(二)降温控制

我国南北气候差异大，具有明显的季风气候特点，夏季炎热多雨，温度昼夜变化不大。夏季由于炎热高温，养猪生产受到很大影响，特别是在我国南方炎热地区，一些猪场采取避开 7、8 月份炎热气候影响的方法安排生产。

1. 地下管道通风降温系统　该系统是利用夏季地下土层温

度低于地面上大气温度的特点，进行降温。我国于1985年在深圳建成的猪舍就采用了这种降温系统，使舍外空气经地道冷却后气温降低了3℃～5℃，舍内空气相对湿度低于85%。但是该系统工程量较大，一次性投资较大。

2. 湿帘-负压通风降温系统 该系统的降温过程是在其核心—纸垫内完成的。在纤维纸表面有一层薄薄的水膜，当舍外干热空气被风机抽吸穿过纸垫时，水膜上的水就会吸收空气中的热量进而蒸发成水蒸气，这样经过处理后的凉爽湿润的空气就进入了舍内。湿帘能降低的温度取决于湿帘的蒸发效率和此时空气的干湿度差，在越炎热干燥的天气下，湿帘降温的效果越好。这套降温系统应用在整个猪舍内的温度调控，调控所需的设备和能耗较大。一般湿帘风机降温系统可使舍温降低3℃～8℃，舍内空气相对湿度达到80%～90%，通常用在妊娠母猪舍和产房。

3. 集中雾化降温系统 该系统也是利用蒸发原理进行降温，是对整个猪舍内的温度调控。集中雾化降温系统在武汉地区使用可以使舍内的温度降低3℃～5℃，舍内的湿度增加25%～30%。在北方夏季中午高温时段，对育肥猪可以采用。该种降温方式与负压通风相结合效果更好。这种降温方式的优点是，投资较小且方便操作。但在我国的高温高湿地区使用(如武汉地区)，且持续时间超过两个月，猪舍内长期保持高湿状态，则对猪的健康不利。

4. 复合通风系统 在风管进风端设置换热器(锅炉热风或热水散热器)或湿帘蒸发箱，不但可实现通风、供暖和降温的一机多项调控，必要时还可设置过滤、消毒装置，进行入舍空气的过滤消毒，而且风管可将空气均匀地送到处于猪舍任何位置的猪体周围，实现局部调控。

(三)加热、保温控制

公猪、母猪和育肥猪等大猪，由于抵抗寒冷的能力较强，再加之饲养密度大，自身散热足以保持所需的舍温，一般不予供暖。而分娩后的哺乳仔猪和断奶仔猪，由于热调节功能发育还不完善，对寒冷抵抗能力差，要求较高的舍温，在冬季必须供暖。

猪舍的供暖，分集中供暖和局部供暖两种方法。集中供暖有一个集中供热设备，猪场常用的是锅炉水暖设备和暖风炉。产房采用集中供暖，使产房温度保持在18℃左右；哺乳仔猪需要温度在30℃～32℃，采用局部供暖。猪舍局部供暖最常用的有电热地板、热水加热地板、电热灯等设备。目前大多数猪场实现高床分娩和育仔，最常用的局部环境供暖设备是采用红外线灯或电热地板，另外配置保温箱。在生产实践中红外线灯泡使用寿命短，常由于舍内潮湿或清扫猪栏时水滴溅上而损坏；电热地板可以使仔猪有良好的暖腹感，效果较好。电热地板的外壳采用机械强度高、耐酸碱、耐老化、不变形的工程塑料制成，板面附有条棱，以防滑。目前生产上使用的电热板有两类，一类是调温型，另一类是非调温型的，建议使用调温型。

（四）空气质量控制

关于猪舍内氨气等有害气体和粉尘的控制技术，传统的方法是利用通风。空气质量控制技术最大的进展是正压过滤式通风技术引入到畜禽舍，该技术将冬季通风和过滤结合起来。试验表明，正压过滤通风系统在过滤粉尘和微生物方面效果显著。

（五）环境自动控制

目前，我国猪舍环境自动控制水平还较低，研究也主要基于单因素控制，如温度控制、通风换气控制等。近年来，随着国外成熟技术的引进，以畜禽日龄为基准的温度、湿度等多因素的硬件和软件，对猪舍环境实行变频控制系统，初步实现了畜禽舍环境的信息化、智能化控制。

六、猪场废弃物处理设施

生猪标准化规模养殖场(小区)废弃物处理符合《畜禽养殖业污染防治技术规范》(HJ/ZT 81—2001),污染物排放达到《畜禽养殖业污染物排放标准》(GB 18596—2001)要求;并符合《畜禽养殖污染防治管理办法》等规定,实行无害化、减量化、资源化处理。

(一)猪粪储存、堆放设施

一般情况下,规划设计猪场粪污堆放加工区的标准是根据体重 100 千克猪只粪尿排泄量作为基准,并以每日每头 100 千克猪粪和尿的排泄量约 1.7 千克和 3.3 升估算。根据猪群的数量结构,计算出每日的排泄量,设计出建造储粪池的大小。储粪池应建在生产区的围墙外,围栏高度不低于 1.2 米,上设避雨设施,下设漏水设施,便于粪便干燥。储粪池设 5 个发酵处理区,每个处理池能容纳大约 7 天的粪便,每个发酵处理区储满 1 周的粪污后,应加盖塑料篷布封实,粪污的发酵时间为 3 周,3 周后清运出场。

规模养猪场(小区)应及时将粪便单独清出,并将产生的粪便及时运至储存或处理场所,实现日产日清,不宜将尿、污水混合排出,不得将粪便、污物随意堆放和排放。

(二)规模养猪场沼气工程

利用沼气工程技术处理畜禽粪便,运行费用低、工艺成熟,兼得能源和有机肥料,目前已成为治理规模化养殖业污染的重要手段。

1. 沼气池选址 应选择在土质坚实,地下水位较低,土层底部没有地道、地窖、渗井、泉眼、虚土等隐患之处,背风向阳,远离树木,能够与猪圈、厕所连成一体,进出料方便的地方。

2. 沼气池设计的原则 ①沼气池的容积以现存栏"一头大猪

一立方米”来确定猪场养殖规模和沼气池的容积。②猪场沼气池可采用“连体多级发酵隧道式”，即针对北方地区冬季寒冷的气候特点，采用国际先进的管式送风连体隧道发酵工艺，只有这样才能采用沼液冲圈。③沼气池要采用“水压间气室一体技术”，这样可以减少投资成本。④沼气池要采用“多级连体结构技术”，做到“单一小气室”连体大容积，此技术是将多个单体厌氧发酵池通过管道连接在一起，形成多级连体厌氧发酵池，一般为长方形。

3. 沼气池的建设　养猪场大中型沼气以“一池三建”为基本建设单元。“一池”，是指沼气发酵装置，即在厌氧条件下，利用微生物分解有机物并产生沼气的装置。“三建”，即建设预处理设施，包括沉淀、调节、计量、进出料、搅拌等装置；建设沼气利用设施，包括沼气净化、储存、输配和利用装置；建设沼肥利用设施，包括沼渣、沼液综合利用和进一步处理装置。

4. 沼气池的重要参数　最重要的设计参数是沼气池的容积，具体内容见表 2-4。

表 2-4　规模化猪场粪污全部入池的沼气池容积

年出栏头数（头）	存栏头数（头）	沼气产量（米^3/天）	沼气池容积（米^3）			
			10℃～15℃		20℃～25℃	
			大中型沼气池	水压式沼气池	大中型沼气池	水压式沼气池
100	57	6		60		25
200	114	12		120		50
300	174	18	75	180		75
500	288	30	120	300		120
1000	577	60	240	600	60	240
2500	1441	150	600	1500	150	600

续表 2-4

年出栏头数（头）	存栏头数（头）	沼气产量（米³/天）	沼气池容积（米³）			
			10℃～15℃		20℃～25℃	
			大中型沼气池	水压式沼气池	大中型沼气池	水压式沼气池
10000	5763	600	2400		600	2400
20000	11526	1200	4800		1200	
50000	28815	3000	12000		3000	
100000	57600	6000	24000		6000	

（三）病死猪处理设施

生猪规模养殖场（小区）内废弃物处理区建设病死猪处理设施，用于对病死猪尸体、流产胎儿、胎衣等进行无害化处理。常见的处理设施有焚尸炉、化制机、化尸池、有机废弃物处理机、生物发酵池及深坑掩埋等。

1. 焚尸炉　图 2-24。猪场在采用焚烧法处理病死猪时会用到焚尸炉。具体方法见 185～186 页。

图 2-24　病死猪焚尸炉

（北京中宜汇富环保工程有限公司生产）

2. 掩埋深坑 深埋选址要远离人群居住地和水源、下风口100米以上，且地势干燥，最好是选用远离人群的废沼气池；埋坑的深度要根据病死猪的数量、体积而定，覆土深度应达2米以上。

3. 化尸池 化尸池（图2-25）是养殖场处理病死动物尸体的无害化处理设施，是规模养猪场的必备设施。化尸池应建在生产区的下风向，且与生产区有一定的距离。化尸池一般为地下圆井型，上细下粗，断面为梯形。地面以上高度1米，侧面留2个对称的通气孔，总深4～5米，口径2米左右。底部由钢筋水泥浇筑15厘米厚，四周三七砖墙水泥抹面，并进行防水处理，加盖防雨盖，使用时定期添加消毒药品。根据测算，要求存栏生猪50～500头规模的专业户建设化尸池10米^{3}以上；存栏生猪500头以上的专业户建设化尸池应达30米^{3}以上。

图2-25 干湿式化尸池

（福建龙岩市顺添环保科技有限公司研制）

4. 化制机 图2-26。猪场在采用化制法处理病死猪时会用到化制机，具体方法见187页。

5. 高温生物降解设施 利用有机废弃物处理机（图2-27）对病死猪尸体进行分切、绞碎、发酵、杀菌、干燥五大步骤，经过添加专用微生物菌，使其在处理过程中生产的水蒸气能自然挥发，

图 2-26 病死猪化制机

无烟、无臭、环保，将有机废弃物成功转化为无害粉状有机原料，最终达到批量环保处理、循环经济，实现“源头减废，消除病原菌”的功效。

图 2-27 高温生物降解设施—有机废弃物处理机

6. 生物发酵池 发酵池可建在猪场无害化处理区内，以地上建设为宜，处理池围墙四周留通气孔。一般发酵池为长方形砖混结构水泥池，深 1.5 米，长度为宽度的 2 倍，墙宽 24 厘米，在墙体离地面 30 厘米和 60 厘米处留 12～15 厘米的通气孔，左右孔间距以 50～100 厘米为宜，内外墙皮用水泥抹平，池底不抹水泥地面，水泥池上方建彩钢瓦遮雨棚，高度 2 米左右，棚檐四周跨度要超出水泥池口 50～100 厘米以上，防止雨水滴落池中，影响发酵处理，四周建设隔离围墙及通风窗，达到隔离防护的目的(图 2-28)。

图 2-28　处理病死猪尸体发酵池
(山东临沂新程金锣集团牧业公司)

第三章　种猪繁育技术

一、种猪选择原则

种猪的选择首先是品种的选择，主要是经济性状的选择。在品种选择时，必须考虑父本和母本品种对经济性状的不同要求。父本品种选择着重于生长育肥性状和胴体性状，重点要求日增重快，瘦肉率高；母本品种着重要求繁殖力高，哺育性能好。当然，无论是父本品种还是母本品种都要求适合市场的需要，具有适应性强和容易饲养等优点。种猪选择原则如下。

第一，市场需求。如果要求瘦肉率高的种猪，就选择引进猪种，但瘦肉多的猪对饲料及饲养条件要求高。如果要求肉质口味好的种猪，则可选择地方猪种或含地方猪种血缘的杂交猪种，其适应性强，容易饲养，生产成本低。

第二，当地自然条件、经济条件。如在我国华南地区要求猪种耐热、耐湿，而在东北地区则要求猪种耐寒性好。饲料的来源、种类和价格对选择品种有密切关系。如经济条件好的地区往往饲料条件较好，可以饲养生长快、瘦肉率高的猪种，而在饲料条件较差的地区，则要求猪种耐粗性能好。

第三，猪场设施设备等条件。设施设备等条件较好的养猪场，可选择生长快、产仔多、瘦肉率高的猪种饲养，条件差点的猪场可选择抗异性强、耐粗饲的杂交猪种饲养。

第四，种猪应健康无病，要特别注意体质结实，符合品种要求，以及与生产性能有密切关系的特征和行为，适当注意毛色、头型等细节。

种猪的性能在平均值加一个标准差以上的,才能进入育种核心群,达平均值以上的才能进入繁殖群,其余的供一般生产用。

第五,选购种猪要到具有种畜禽生产经营许可证的种猪场进行,种猪场分原种场(国家级和省级)和一级种猪场。只有原种场和一级种猪场才能采购到品种优良、无烈性传染病的种猪。“一分钱,一分货,十分钱,不会错。”在种猪场选购种猪时要查系谱,了解其生长发育状况和生产性能。在参观猪场产房时,如果看到仔猪满圈,每窝活仔都在 8 头以上,说明猪场没有感染繁殖障碍等疾病,可放心引种。

二、种猪选择标准

(一)种公猪选择

1. 品种和外形特征的选择

(1)品种特征　不同的品种,具有不同的品种特征。种公猪应具备典型的品种特征,如毛色、头型、耳型、体型外貌等,符合本品种的种用要求,尤其是纯种公猪的选择。

(2)体躯结构　种公猪的整体结构要匀称,头颈、前躯、中躯和后躯结合自然、良好,眼观有非常结实的感觉。头大而宽,颈短而粗,眼睛有神,胸部宽而深,背平直,身腰长,腹部大小适中,臀部宽而大,尾根粗,尾尖卷曲,摇摆自如而不下垂,四肢强壮,姿势端正,蹄趾粗壮、对称,无跛蹄。

(3)性特征　种公猪要求睾丸发育良好、对称,轮廓清晰,无单睾、隐睾等遗传缺陷,包皮积尿不明显。性功能旺盛,性行为正常,精液品质良好。腹底线分布明确,乳头排列整齐,发育良好,无翻转乳头和副乳头,且具有 6 对以上。

2. 生产性能和记录成绩的选择

(1)生产性能　种公猪的生长速度、饲料转化率和背膘厚度等都具有中等到高等的遗传力。因此,应选择生长速度快、饲料报酬和产肉量高的公猪作为种公猪,即选择具有最高性能指数的公猪作为种公猪。

(2)系谱资料　利用系谱资料进行选择,主要是根据亲代、同胞、后裔的生产成绩来衡量被选择公猪的性能,具有优良性能的个体,在后代中能够表现出良好的遗传素质。系谱选择必须具备完整的记录档案,根据记录分析各性状逐代传递的趋向,选择综合评价指数最优的个体留作种公猪。

(3)个体生长发育　个体生长发育选择,是根据种公猪本身的体重、体尺发育情况进行选择。在同等条件下选育的个体,体重、体尺的成绩越高,种公猪的等级越高。对幼龄小公猪的选择,生长发育是重要的选择依据之一。

(二)种母猪选择

1. 品种选择　对于母猪品种(品系)性能的要求,除了瘦肉率达到瘦肉猪标准、生长发育快外,还要注重其繁殖性能和对地方饲养条件的适应性。在这方面国内的培育品种占有明显优势,主要表现为:①产仔数多;②性成熟早,发情征象明显,如闹圈、爬栏或爬跨同栏猪及外阴红肿等发情行为比引入品种明显,十分便于生产的发情鉴定与及时配种,可减少漏配,提高繁殖效率;③耐粗饲,适应性强,这一特点对于许多饲养条件较简陋的养猪户来讲很重要,在我国已有不少性能优良的引入品种由于缺乏这一点,结果出现生产性能的严重下降。

2. 优秀个体选择　留种的母猪外形一定要符合品种特征,眼大有神,皮毛光洁,食欲旺盛,动作灵活。具体选择标准是:①母猪外生殖器无明显缺陷,如阴门狭小或上翘;②乳头数一般不少于 6 对，间隔均匀，乳头发育良好，无瞎乳头、翻乳头和副乳头，没有疝气等遗传性疾病；③体格健壮，结构发育良好，生长速度快，四肢结实，无肢蹄病，行走轻松自如；④后备母猪初情期要早，一般不超过 6 月龄；⑤性情过分暴躁的小母猪不宜作种用；⑥有条件者可借助系谱资料，依据亲本和同胞的生产性能（如繁殖成绩等）对其主要生产性能进行遗传评估，选择母系指数高的个体留作种用。

3. 不同发育阶段选择

（1）断奶猪的选择　主要考虑父母成绩、同窝仔猪的整齐度以及本身的生长发育状况和体质外形。要选留的仔猪，父母成绩优良，从窝产仔猪较多且均匀一致的窝中选留，同时要求体质、外形符合种用特征。此时选种一般应为留种量的 4～5 倍。

（2）6 月龄猪的选择　这一阶段重点查看生长速度和饲料利用率，同时要观察外形，有效乳头数量、有无瞎乳头，生殖器官是否异常等。此时选择数量一般为留种数量的 1.5 倍。要严格选留，生长发育缓慢、外形有缺陷的要坚决淘汰。一般种猪在 6 月龄时都有发情表现，此时可用成年公猪诱情，多次诱情没有明显发情表现的也不宜留种。地方品种猪此时可以配种，培育品种和国外品种一般还要推迟 1～2 个月。配种时如发现有的个体明显发情但拒配，一个情期内没有稳定的站立反应，生殖器官发育异常的应及时淘汰。

（3）头胎母猪的选择　这时的种猪已经经过了两次筛选，对其父母表现、个体发育和外形等已经有了比较全面的了解。所以，这时的选择主要看其繁殖力的高低：一是对产仔数少的应予以淘汰，二是对产奶能力差，断奶时窝仔少和不均匀的应予以淘汰。但是考虑母猪在产仔数、产奶多少和哺乳成活率等指标上，各胎次的差异有时会很大，所以对表现一般的头胎母猪应尽量选留。

（4）二胎以上母猪的选择　此时留下的种猪一般没有太大的

缺陷，对重复第一胎产仔数较少(少于 9 头)，哺育力差(哺育期死亡率高、仔猪发育不整齐)的应予以淘汰。此时该种猪已有后代，对其后代生长发育不佳的母猪应予淘汰。

三、人工授精技术

(一)采精及精液处理技术

猪的人工授精技术是以种猪的培育和商品猪的生产为目的而采用的最简单有效的方法，是进行科学养猪的重要手段。它可以提高优良公猪的利用率，促进品种改良和提高商品猪质量及其整齐度；能克服体格大小的差别，充分利用杂种优势；能够减少疾病的传播；可以克服时间和区域的差异，适时配种，最终节省人力、物力、财力，提高经济效益。猪的人工授精工作对技术要求高，从采精、检验、稀释、分装、保存、运输及输精一环扣一环，无论哪一环节出了问题，都会影响到最后的受胎效果。

1. 采精公猪标准 供精公猪必须是经种猪测定站或县以上畜牧行政主管部门审定和检疫符合种公猪标准，并发给合格证的公猪精液质量要求，射精量 100 毫升以上，精子活力 70%以上，精子密度 2 亿个/毫升以上；公猪使用年限 10 月龄(下限)至 3 岁(上限)。

在选择种公猪时，不仅要考虑到公猪的外貌、血统，还要考虑是否适合做人工授精，所选的种公猪应具备以下几点：①要符合该品种品系的基本特点；②血统、系谱清晰，所选猪群中无六代以内近亲，并和本场猪群无任何血缘关系；③腹部平直不下垂，利于爬跨假猪台和延长采精时间，减少公猪因腹大造成的不适感觉；④四肢粗壮有力，无蹄裂，后肢较高、粗壮便于爬跨的公猪；⑤睾丸大小一致、坚实紧凑，性欲强，喜爬跨，无自淫现象；如发现睾丸大小不一，要坚决放弃；⑥包皮紧凑，不可过大或过小，包皮太大容易积尿，采精时精液容易受到污染。

2. 公猪采精调教　公猪的调教时间一般为7.5月龄，成功率大于90%，9月龄以后成功率则低于70%。月龄越大的公猪可模仿性越差。

具体调教方法是：①后备公猪7月龄开始进行采精调教；②对公猪按照四定（定时、定点、定人、定方法）原则进行训练，每天调教1～2次，每次调教时间不超过15分钟；③一旦采精获得成功，坚持隔1～2天采精1次，连续3～5次加强巩固该技术；④采精调教时可采用发情母猪诱导、观摩有经验公猪采精、用发情母猪分泌物刺激等诱发其性欲；⑤调教公猪要有耐心，不准打骂公猪；⑥注意公猪和调教人员的安全。

3. 采精　具体操作方法如下。

(1)采精员一手带双层手套，另一手持37℃保温杯，内装一次性食品袋，用于收集精液。

(2)饲养员将待采精的公猪赶至采精栏，用0.1%高锰酸钾溶液清洗其腹部和包皮，再用温水（夏天用自来水）清洗干净，避免药物残留对精子的伤害。

(3)采精员挤出公猪包皮积尿，按摩公猪包皮部，刺激其爬跨假台猪。

(4)公猪爬跨假台猪并逐步伸出阴茎，采精员脱去外层手套，将公猪阴茎龟头导入空拳。

(5)用手（大拇指与龟头相反方向）紧握伸出的公猪阴茎螺旋状龟头，顺其向前冲力将阴茎的"S"状弯曲拉直，握紧阴茎龟头防止其旋转，公猪即可射精。

(6)用四层纱布过滤收集浓精液于保温杯内的一次性食品袋内，最初射出的少量精液含精子很少，可以不必接取，有些公猪分2～3个阶段将浓精液射出，直到公猪射精完毕，射精过程历时5～7分钟。

(7)采精员在采精过程中要注意安全,一旦公猪出现攻击行为,采精员应立刻离开至安全角。

(8)下班之前彻底清洗采精栏。

(9)采精期间不准殴打公猪,防止出现性抑制。

(10)采精的频率是,成年公猪每周 2 次,青年公猪(1 岁左右)每周 1 次。最好固定每头公猪的采精频率。

4. 精液品质检查

(1)精液量、色泽、气味和 pH 值 公猪的射精量一般为 100～300 毫升,正常精液的色泽为乳白色或灰白色,略有腥味,精液 pH 值为 6.8～7.2。

(2)精子密度 精子密度是指每毫升精液中含有的精子数。

检查精子密度用精子密度仪或血球计数器计算。精子密度仪根据说明书操作即可。血球计数器的方法是用白血球吸管吸取精液至刻度 0.5 处,再吸取 3%氯化钠溶液至刻度 101 处,捏住吸管的两端充分振荡后,将吸管前部的滤体吹弃 2～3 滴,然后滴一小滴于计算玻板上盖玻片边缘,使其自行渗入计算室内,待液体稳定后,在 400～600 倍显微镜下计数。观察计数时应数 5 个有代表性的中方格(计 80 个小方格)内的精子数,对头部压在方格四边线上的精子,只能计算两条边上的。每次要数 2～3 遍,求其平均值。最后将精子总数乘以 10 000,就得每立方毫米精液中所含精子数,再将此数乘以 1 000,便得每毫升精液的精子数。

(3)精子活力 精子活力是以直线前进运动的精子占总精子数的比率来确定的。一般采取“十级制评分法”进行评定。

精子活力测定方法是将精液滴在载玻片上,盖上盖玻片,然后在 35℃左右显微镜下放大 150～200 倍,仔细观察精子活动情况。

精子活力等级评定:

1.0 级指有 100%精子呈直线式前进运动;

0.9 级指有 90%精子呈直线式前进运动;

0.8 级指有 80%精子呈直线式前进运动；

0.7 级指有 70%精子呈直线式前进运动；

0.6 级指有 60%精子呈直线式前进运动；

0.5 级指有 50%精子呈直线式前进运动。

鲜精活力要求不低于 0.7。

(4)精子畸形率的检查　畸形率是指异常精子的百分率。检查方法是将精液做成抹片，自然晾干，浸入 95%酒精中，3 分钟后取出，用清水冲洗阴干，然后用美蓝或蓝墨水染色 3 分钟，用清水冲洗阴干，再在 400～600 倍显微镜下进行检查。一般每次要数 200 个以上的精子，要求畸形率不超过 18%。

公猪使用过频或高温环境会出现精子尾部带有原生质滴的畸形精子。畸形精子种类很多，有巨型精子、短小精子、双头或双尾精子，顶体膨胀或脱落、精子头部残缺或与尾部分离、尾部变曲等。要求每头公猪每 2 周检查 1 次精子畸形率。

5. 精液稀释　具体操作方法如下。

(1)精液采集后应尽快稀释，原精贮存不超过 30 分钟。

(2)未经品质检查或检查不合格(活力 0.7 以下)的精液不能稀释。

(3)稀释液与精液要求等温稀释，两者温差不超过 1℃，即稀释液应加热至 33℃～37℃，以精液温度为标准，来调节稀释液的温度，绝不能反过来操作。

(4)稀释时，将稀释液沿盛精液的杯壁缓慢加入到精液中，然后轻轻摇动或用消毒玻璃棒搅拌，使之混合均匀。

(5)如做高倍稀释时，应先进行低倍稀释(1∶1～2)，稍待片刻后再将余下的稀释液沿杯壁缓慢加入，以防造成“稀释打击”。

(6)稀释倍数的确定。活力≥0.7 的精液，一般按每个输精剂量含 40 亿个总精子，输精量为 80～90 毫升确定稀释倍数。例如，某头公猪一次采精量是 200 毫升，活力为 0.8，密度为 2 亿个/毫升，要求每个输精剂量含 40 亿个精子，输精量为 80 毫升，则总精子数为 200 毫升×2 亿个/毫升＝400 亿个，输精头份为 400 亿÷40 亿＝10 份，加入稀释液的量为 10×80 毫升－200 毫升＝600 毫升。

(7)稀释后要求静置片刻再做精子活力检查。如果稀释前后活力一样，即可进行分装与保存，如果活力下降，说明稀释液的配制或稀释操作有问题，不宜使用，并应查明原因加以改进。

(二)精液的保存、运输与输精技术

1. 精液的保存与运输

(1)分装　精液稀释后，取样检查活力，合格者才能分装。分装时，用量筒按剂量量取精液倒入容器，一般每头份 20 毫升。分装完后，即将容器密封，贴上标签。

(2)贮存　精液分装后，应在温度 10℃～15℃条件下避光贮存。

(3)运输　用毛巾、棉花等包裹贮精容器，装入 10℃～15℃冰壶或泡沫箱等恒温器中运输，防止受热、震动和碰撞。

2. 输精技术

(1)输精时机　母猪输精时机以发情后期为好。当按压母猪腰尻部，母猪表现很安定，两耳竖立或出现“静立反射”，此时是输精最佳时机。如用公猪试情，一般在母猪愿意接受公猪爬跨后的 4～8 小时输精为宜。

(2)输精准备　输精场所应保持安静清洁，输精器械必须严格消毒。用 0.1％高锰酸钾溶液将母猪的外阴消毒，再用消毒纱布或棉花擦净。一次输精数量应按母猪的体重和精液质量来确定。每头每次输精量为 50～80 毫升，有效精子数 30 亿个以上。

(3)输精方法　在输精管前端涂上润滑液，将输精管呈 45°角向上插入母猪生殖道内，当感觉有阻力时，缓慢逆时针旋转，同时前后移动，直到感觉输精管被子宫颈锁定，确认输精部位。剪开输

精瓶嘴接到输精管上，在瓶底扎一小孔，则精液沿输精管流入母猪生殖道内，输精时间3～10分钟。当输精瓶内精液排空后，放低输精瓶约15秒钟，观察精液是否倒流，如倒流应再次输精。输精时，最好将输精管左右轻微旋转，用右手食指按摩阴蒂，增加母猪快感，刺激阴道和子宫的收缩，避免精液外流。输完精后，把输精管向前或左右轻轻转动2分钟，然后轻轻拉出输精管。

(4)输精次数 一个发情期输精2次，第一次输精后隔8～12小时，再进行第二次输精。

四、母猪配种技术

(一)母猪的发情周期

母猪从初情期到性功能衰退之前阶段，除乏情期外，在没有受胎的情况下，每隔一定时间，母猪表现出发情和排卵周期性，称为发情周期。一个发情周期指从一次发情的开始到下一次发情开始的间隔时间。

不同年龄和品种的母猪，其发情周期长短差别不大，一年四季均可发情，温度和光照对其影响很小。猪的发情周期平均为21天，但不同个体间会存在较大的差异，一般发情周期在18～24天均为正常。

品种、年龄和胎次对于母猪的发情持续期会有一定的影响，一般成年母猪较后备母猪要长(以站立反射为标准)。母猪的排卵数因品种、年龄、胎次、营养水平不同而有所差异：后备母猪要少于成年母猪，并随着发情次数的增加而增加；营养水平高的，其排卵数也多，这就是在配种前10～14天优饲催情的道理所在。

母猪的排卵过程是陆续的，从排第一个卵子到排最后一个卵子的间隔时间平均为4～5个小时，长的达10～12个小时。

母猪的发情周期可分为：发情期2～3天，黄体期13～14天，卵泡期3～5天。排卵期多在发情开始后的16～48小时。

(二)初配母猪发情排卵特点与适时配种技术

1. 初配母猪的发情特点 ①后备母猪发情时,外观明显,阴门红肿程度明显强于经产母猪。②后备母猪发情后排卵时间较经产猪晚,一般要晚8～12小时,所以发情后不能马上配种,应在出现静立反射后8～12小时配种。③后备母猪发情持续时间长,有时可连续3～4天,为确保配种效果,建议配种次数多于经产母猪。

2. 初配母猪的排卵特点 初情期是指正常的青年母猪达到第一次发情排卵时的月龄。这个时期最大的特点是母猪下丘脑—垂体—性腺轴的正/负反馈机制基本建立。在接近初情期时,卵泡生长加剧,卵泡内膜细胞合成并分泌较多的雌激素。其水平不断提高,并最终达到引起促黄体素排卵峰所需要的阈值,使下丘脑对雌激素产生正反馈,引起下丘脑大量分泌促性腺激素释放激素(GnRH)作用于垂体前叶,导致促黄体素急剧大量分泌,形成排卵所需要的LH峰。与此同时,大量雌激素与少量由肾上腺所分泌的孕酮协同,使母猪表现出发情行为。当母猪排卵后下丘脑对雌激素的反馈重新转为负反馈调节,从而保证了体内生殖激素的变化与行为学上的变化协调一致。母猪的初情期一般为5～8月龄,平均为7月龄,但我国的一些地方品种可以早到3月龄。母猪达初情期已经初步具备了繁殖力,但由于下丘脑—垂体—性腺轴的反馈系统不够稳定,表现为初情期后的几个发情周期往往时间变化较大;同时,母猪身体发育还未成熟,体重为成熟体重的60%～70%,若此时配种,可能会导致母体负担加重,不仅窝产仔数少,初生重低,同时还可能影响母猪今后的繁殖性能。因此,不应在此时配种。

影响母猪初情期到来的因素有很多,但最主要的有两个:一是遗传因素,主要表现在品种上,一般体型较小的品种较体型大的品种到达初情期的年龄早。近交推迟初情期，杂交则提早初情期。二是管理方式，如果一群母猪在接近初情期与一头性成熟的公猪接触，则可以使初情期提早。此外，营养状况、舍饲情况、猪群大小和季节都对母猪初情期有影响。例如，一般春季和夏季比秋季或冬季母猪初情期来得早。我国的地方品种初情期普遍早于引进品种，因此在管理上要有所区别。

3. 适时配种技术 配种的时机和方法直接影响母猪的受胎率和产仔数。新生仔猪是从卵子受精发育而来，因此应根据母猪的发情排卵规律，掌握适宜的配种时间，采用正确的配种技术和方法，才有可能提高母猪受胎率和产仔数。

(1)适配年龄和体重 如何在保证不影响母猪正常身体发育的前提下，获得初配后较高的妊娠率及产仔数，这就必须选择好初次配种的时间。我们把从生产角度来说的最佳配种时间称为适配年龄。由于初情期受品种、管理方式等诸多因素影响而出现较大的差异，因此一般以初情期后隔 1～2 个情期配种为宜，即初情期后 1.5～2 个月时的年龄称为适配年龄。如果配种过晚，尽管有利于提高窝产仔数，但由于母猪空怀时间长，在经济上是不划算的。后备母猪适宜的初配年龄和体重因品种和饲养管理条件不同而异。一般来讲，早熟的地方品种 4～6 月龄、体重 50～60 千克即可配种，晚熟的培育品种应在 7～9 月龄、体重 100～120 千克开始配种。

(2)适配发情阶段 母猪发情阶段是否适宜配种，可以根据以下三条中的任何一条来判断。

①阴门变化。我国繁殖工作者总结了一个配种谚语："粉红早，黑紫迟，老红最当时。"即阴门颜色粉红、水肿时尚早；紫红色、皱缩特别明显时已过时；最佳配种时机为深红色，水肿稍消退，有稍微皱褶时。

②阴门黏液。掰开阴门，用手蘸取黏液，如无黏度为太早，如有黏度且为浅白色，可即时配种，如黏液变为黄白色，黏稠时，已过

了最佳配种时机,这时多数母猪会拒绝配种。

③静立反射。静立反射表示母猪接受公猪的程度,这时按压母猪的几个敏感部位,母猪会出现静立不动现象(与接受配种时状态相同)。在这个问题上,许多人会出现误解,认为在任何时候只要母猪发情适宜都会出现静立反射。其实,母猪的静立反射对于有无公猪在场或是否受到公猪挑逗情况是不一样的,单纯地不管有无公猪刺激,机械地以静立反射判定发情时期往往会漏过部分适期母猪的配种。

综上所述,只要有任何一条出现就要用公猪去试情,特别是隐性发情的猪,只能凭公猪接触才能确定配种与否,在生产中要特别留意,防止漏配。

(三)不同胎次母猪适宜的配种次数和时间

要使尽可能多的卵子与精子相互结合,提高受胎率和增加胚胎的数量,不仅要求种公猪提供品质优良的精子,母猪多排出能够受精的卵子,还要使公、母猪在相宜的时间内交配,使卵子大部分或全部有机会受精。这是决定受胎率高低和产仔数多少的关键。要做到适时配种,首先应掌握母猪发情排卵规律,然后根据精子和卵子两性生殖细胞在母猪生殖道内保持受精能力的时间来全面考虑。

1. 发情母猪的排卵规律 发情期是母猪接受公猪爬跨和交配的时期,此期既是母猪排卵的持续时期,也是公、母猪能够进行交配的时期。也就是说,只有在这段时间内母猪才接受配种或输精,所以母猪接受公猪爬跨时期是配种的重要时期。发情母猪何时接受公猪爬跨,接受爬跨时间能持续多长,与猪的品种、年龄、饲养管理条件等因素有关。以北京黑猪为例,母猪外阴部在发情期内肿胀时间为 5 天左右,而接受公猪爬跨时间只有 2.5 天(平均 52～54 小时)左右;发情期内平均排卵数为 12～14 个。每个发情期所排的卵子并不是同时排出的,而是有规律地在一定持续的时间内陆续排出。发情母猪接受公猪爬跨时期为排卵的持续期，卵子排出并非均衡的，是有高峰期的。北京黑猪的发情母猪在接受公猪爬跨后 24～36 小时是排卵高峰期，所以配种必须在排卵高峰出现之前数小时内进行。

2. 母猪适时配种　经观察，精子在母猪生殖道内存活的最长时间为 42 小时，但精子具有受精能力的时间仅为 25～30 小时，精子在母猪生殖道内经过 2～4 小时后才有受精能力，这就是通常所说的“精子获能”，只有获得受精能力的精子才能与卵子结合。

卵子从卵巢排出，通过伞部进入输卵管膨大部，精子和卵子只有在这一部分输卵管内相遇才能受精。卵子通过这部分输卵管的时间也就是卵子保持受精能力的时间，为 8～10 小时，最长可达 15 小时左右。如果卵细胞在输卵管膨大部没有受精，则继续沿输卵管向子宫角移行，卵子会逐渐衰老并被输卵管分泌物所包裹，结果阻碍精子进入而失去受精能力。

试验证明，精子到达母猪输卵管内的时间很短，经过获能作用后，具有受精能力的时间比卵子具有受精能力的时间长得多。所以，必须在母猪排卵前，特别要在排卵高峰阶段前数小时配种或输精，使精子等待卵子的到来。

目前采用一个发情期内配种或输精两次的方法是科学的，这样会使母猪在同一发情期内先排的卵和后排的卵都有受精的机会。后备母猪较经产猪发情时间长、排卵时间晚，建议在一个发情期内配 2～3 次为好。

经产母猪断奶后 2～5 天、初产母猪断奶后 3～7 天，开始发情并可配种。流产母猪第一次发情不要配种，生殖器官有炎症的母猪治愈后才可配种，每个情期配种 2～3 次，断奶后 7 天内应有 90％以上母猪发情配种认为正常。

3. 人工授精配种时应注意的问题

第一，输精过程占用的时间不应少于 5 分钟，输精过快，精液可能已经倒流，因为母猪的阴道可因精液的重量而下沉，精液虽然不会流出体外，但这部分精液也不会进入到子宫内。输精过程最好不要超过15分钟，如果超过15分钟，说明这个输精过程存在问题。

第二，母猪在输精前至少有1小时避免接近公猪或闻到公猪的气味，以免母猪在高度兴奋紧张后进入不孕期，对输精和受胎造成不利影响。输精前用毛巾蘸0.1%高锰酸钾溶液擦拭母猪外阴部、肛门和臀部，预防感染病原体。

第三，输精结束后，应在10分钟内避免母猪卧下，因为这样会使其腹压增大，易造成精液倒流，如果母猪要卧下，应轻轻驱赶，不可粗暴对待。此外，避免母猪饮过冷的水，饮冷水可能会刺激胃肠和子宫收缩，也易造成精液倒流。

第四，准确及时记录配种日期和公、母猪耳号。

(四)返情检查

所有配过种的母猪都应经常查情，直到妊娠60天左右能明显看出妊娠为止。在配种后着床(12～23天)前胚胎全部死亡，母猪就会返情，有规律的间隔为18～24天。返情检查时必须考虑以下3种情况：①配种后30～40天即着床后到钙化前的胚胎死亡，会导致返情推迟或返情不规则；②骨骼钙化开始后胎儿的死亡会造成木乃伊胎，如果全窝都是木乃伊胎可能与伪狂犬病有关，且不会返情；③整个妊娠期都可能发生流产，流产5～10天后会出现发情或保持乏情状态。

查返情时最好用公猪，公猪在母猪栏前走动，并与母猪鼻对鼻的接触。群养时可把公猪赶到母猪栏内，饲养员要注意发现3周后的不规则返情。饲养员要注意查看正常的返情征象，即弓背、竖耳、鸣叫、外阴肿胀、红肿。栏养时发情的母猪会在其他母猪躺下时独自站着。可用拇指测阴门温度和翻查阴门。返情母猪一般有清晰的黏性分泌物，阴门温度增加，发现有发情征象的母猪，应赶到靠近公猪栏的地方观察。

返情前，有些母猪阴门会流出像脓一样的、绿色或黄色的恶露，这说明其子宫或阴道有炎症，因此应注射抗生素治疗并给予特殊照顾。如果分泌物是化脓的、难闻的，应淘汰该母猪。

（五）妊娠检查

妊娠检查对于所有妊娠母猪来说都是基本的程序，操作者能在配种 25 天左右检测出妊娠。配种后 28 天着床结束，因此所有早期妊娠检查都必须在配种后 30 天重新确认。配种后 25～35 天进行两次妊娠检查是理想的，以便在 42 天返情时对妊娠检查阴性和有问题的母猪采取相应的措施。

对所有母猪进行有规律的视觉妊娠评估很重要，即使在妊娠检查确定后，少数母猪也有胚胎被再吸收和流产的可能。

（六）母猪同期发情技术

同期发情技术就是应用某些激素制剂，打乱母猪自然发情的周期规律，人为地造成发情周期的同期化，使之在预定的时间内集中发情，以便有计划地组织配种。其优点是：①便于人工授精，节约劳力与时间；②使一头优良种公猪给多头母猪配种，让更多的母猪同时受胎；③便于商品猪成批生产，因产仔时间整齐，规格较一致，对于生猪工厂化生产有很大的实用价值。

1. 同期发情的机理　母猪的发情周期大体可分卵泡期和黄体期两个阶段。在发情周期中，卵泡期是卵巢中卵泡迅速生长发育、成熟，最后导致排卵的时期，此期血液中孕酮水平显著降低，而黄体期恰与此期相反。黄体期内黄体分泌孕酮，提高了血液中孕酮的水平，在孕酮的作用下，卵泡的发育受到抑制，母猪在表现发情而未受精的情况下，黄体维持一定的时间（一般是 10 天左右）之后即行退化，随后出现另一个卵泡期。

由此看来，相对高的孕激素水平，可抑制发情，一旦孕激素的水平降低到很低，卵泡便迅速生长和发育。如能使一群母猪同时发生这种变化，就能引起它们同时发情，具体说就是对一群母猪施用某种激素，抑制其卵泡的生长发育和发情，处于人为的黄体期，经过一定时期后停药，使卵巢功能恢复正常，便能引起同时发情。相反，利用性质完全不同的另一类激素，以促使黄体的消退，中断黄体期，降低孕酮水平，从而促进垂体促性腺激素的释放，引起发情。前者处理的办法实际上是抑制发情，延长发情周期；后者的处理办法实际上就是促进发情，缩短了发情周期，使发情提前到来。这两种方法虽然所用的激素性质不相同，但它们有一个共同点，即处理的结果都是使母猪体内孕激素水平（内源的或外源的）迅速下降，故都能达到发情而且还必须同期化的目的。

2. 青年母猪的同期发情

（1）未进入初情期的青年母猪的发情同期化——促性腺激素＋前列腺素法　每4～6头青年母猪为一群进行群养，根据经验预测，青年母猪初次发情的时间在青年母猪初次发情前20～40天，每头母猪一次注射200单位人绒毛膜促性腺激素和400单位孕马血清促性腺激素或脑垂体600单位。一般在注射3～6天后母猪表现发情，但发情时间差异较大。如果从注射当日开始，每天让青年母猪与试情公猪直接接触，可增强激素的效果。在禁闭栏内饲养的青年母猪同期发情处理效果不及群养母猪。第一次激素处理尽管能使绝大多数青年母猪在一定时间内发情，即使不表现发情，一般也会有排卵和黄体形成。但发情时间相差天数可达3～4天。要提高第二个发情期的同期发情率，应在第一次注射促性腺激素后18天注射前列腺素及其类似物，如注射氯前列烯醇200～300微克。因为此时大多数母猪已经进入发情周期的12天以上，这时前列腺素对黄体有溶解作用。通常在注射前列腺素及其类似物后

3 天母猪表现发情，而且发情时间趋于一致。如果母猪此时体重已达到配种体重，就可以安排配种。此法达到青年母猪同期发情的关键是掌握好青年母猪初情期的时间。如果注射过早，青年母猪在发情之后很长时间仍未达到初情年龄，则不再表现发情；如果注射太晚，青年母猪已经进入发情周期（即在初情期之后），则母猪不会因为注射促性腺激素而发情，发情时间就不会趋于一致。

(2)初情期后或已妊娠母猪发情同期化方法之一——前列腺素法　如果母猪已经超过了初情期，可对发情母猪进行单圈配种2 周，2 周后对全群注射前列腺素及其类似物。这样在注射激素后，妊娠母猪会流产，配种未受胎发情后超过 12 天的青年母猪都会因黄体退化而同时发情。这种方法的缺点是可能造成部分母猪配种时间推迟。

(3)初情期后的青年母猪发情同期化方法之二——孕激素法　初情期后的青年母猪可用孕酮处理 14～18 天，停药后，母猪群可同期发情。其原理是：孕酮有抑制卵泡成熟和发情的作用，但并不影响黄体退化，所以当连续给母猪提供 14 天以上的孕酮后，大多数母猪的黄体已经退化，如果停止提供孕酮，孕酮对卵泡成熟的抑制作用被解除，母猪群会在 3 天后发情。与其他家畜相比，母猪需要较高水平的孕激素来抑制卵泡的生长和成熟。如用烯丙基去甲雄三烯醇酮，每天按 15～20 毫克的剂量饲喂母猪，18 天后停药可以有效地达到母猪群的同步发情，其每窝产仔数与正常情况下相同或略有提高。

3. 经产母猪的同期发情

(1)同期断奶法　经产母猪发情同期化，最简单、最常用的方法是同期断奶，对于分娩 21～35 天的哺乳母猪，一般都会在断奶后 4～7 天发情。对于分娩时间接近的哺乳母猪实施同期断奶，可达到断奶母猪发情同期化目的。但单纯采用同期断奶，发情同期化程度较差。

(2)同期断奶和促性腺激素结合法　在母猪断奶后24小时内注射促性腺激素,能有效地提高同期断奶母猪的同期发情率。使用孕马血清促性腺激素诱导母猪发情应在断奶后24小时内进行,初产母猪的剂量是1000单位,经产母猪800单位;使用绒毛膜促性腺激素或者促性腺激素释放激素及其类似物进行同步排卵处理时,哺乳期为4～5周的母猪应在孕马血清促性腺激素注射后56～58小时进行,哺乳期为3～4周的母猪应在孕马血清促性腺激素注射后72～78小时进行;输精应在同步排卵处理后24～26小时和42小时,分两次进行。

4. 哺乳期母猪的诱导发情　有资料证实,在母猪分娩的当天注射绒毛膜促性腺激素,可诱导75%的分娩母猪排卵,排卵后形成的黄体会在之后自然萎缩,但直到断奶,母猪才会发情,显然哺乳期黄体的萎缩并不是促使母猪发情的唯一因素,哺乳是哺乳期母猪不能发情的主要因素。有人曾用1000单位孕马血清促性腺激素和20微克促黄体释放激素类似物(LHRH-A)处理哺乳15～18天的母猪两头。处理后3天,母猪出现阴门微红肿,流黏液,但不接受公猪交配。哺乳期诱导母猪发情和排卵比诱导后备母猪和断奶母猪发情的难度要大得多。但如果能实现母猪在哺乳期受胎,对养猪生产意义十分重大。

用生殖激素对母猪进行繁殖控制,能够有效地控制母猪的发情及分娩。前德意志民主共和国的研究结果表明,在母猪群中长期使用激素调控技术是没有不良影响的。把繁殖控制技术引入养猪生产是实现猪群繁殖高效率的重要手段。但生殖激素的应用需要相当丰富的生殖生理学尤其是激素生理方面的知识,不正确地使用生殖激素,可能会给猪的繁殖带来较多的问题。建议在专家的指导下进行繁殖控制。

第四章　猪的营养需要与饲料配制

一、猪的营养需要

猪的营养需要和饲养标准包括能量、粗蛋白质、氨基酸、维生素、矿物质和亚油酸的需要量。

为切实推进生猪标准化和规模化生产，我国发布了猪饲养标准(NY/T 65—2004)、饲料检测和卫生标准、饲料和饲料添加剂管理条例，以及一系列饲料原料鉴定标准。

(一)猪的营养需要与平衡

猪的营养需要一般分为维持需要和生产需要。

1. 猪的维持需要　维持需要主要包括维持正常体温，保持正常生命活动，维持最低限度的身体活动，用于修补、更新受损组织等。维持需要最主要的营养是能量，其他营养维持需要相对较少，但也是必需的。维持需要所占的比例随猪的日龄或体重的增长而增加。猪的维持需要受多种因素的影响。

(1)体重　体重是决定维持需要最重要的因素。维持需要并不与体重呈简单的正比例关系，而是与体重的 0.75 次方($W^{0.75}$)，即代谢体重呈正比例关系。

(2)环境　温度、湿度、气流速度会影响维持需要。寒冷条件下猪为了保持体温，维持需要会增加。

(3)活动　猪的活动属于非生产性维持消耗。

(4)应激　任何外界应激均能造成维持需要的增加。

(5)健康　猪的健康水平大大影响其维持消耗。

2. 猪的生产需要　猪的生产需要指猪用于生长、妊娠、泌乳的营养需要。猪最主要的生产需要是生长需要，猪的日龄、品种、性别是影响生长需要的主要因素。繁殖需要也是猪生产需要的主要形式，包括母猪胎儿、胎盘、乳腺生长以及泌乳的需要。

3. 猪需要的营养　猪生长过程中需要的营养物质主要为能量、蛋白质、碳水化合物、矿物质和维生素。

(1)能量　能量是维持猪生命活动和生产的能量消耗，主要的能量饲料为玉米、小麦麸、高粱、稻谷、油脂、乳清粉等。

(2)蛋白质　目前，蛋白质和氨基酸的营养发展方向是以理想蛋白质模式和标准回肠可消化氨基酸作为蛋白质和氨基酸需要的指标，进行科学的猪饲料配方设计。主要的蛋白质饲料为大豆饼(粕)、花生饼(粕)、棉籽饼(粕)、菜籽饼(粕)、鱼粉、血粉、肉骨粉和肉粉、饲用酵母、喷雾干燥血浆蛋白粉等。

(3)碳水化合物　碳水化合物是来源最广泛，而且在饲粮中占比例最大的营养物质，是猪的主要能量来源。在谷实类饲料中含可溶性单糖和双糖很少，主要是淀粉。淀粉在消化道内由淀粉酶分解成葡萄糖后吸收进入血液成血糖，在体内生物氧化供能。

(4)矿物质　矿物质包括常量元素和微量元素，在猪组织代谢中发挥着重要作用。常用的矿物质饲料以补充钙、磷、钠、氯等常量元素为主，主要包括食盐、含磷矿物质、含钙矿物质、含磷钙的矿物质。引进种猪生长快，生产性能高，对矿物质元素的需求也明显地高于传统猪种。矿物质元素是猪必需之营养，但供给过量则有副作用，甚至会中毒死亡。矿物质元素之间存在着复杂的关系。已知的互作关系有：①过量的钙影响磷的吸收，反过来过量的磷也影响钙的吸收利用；②过量的镁干扰钙的代谢；③过量锌干扰铜的代谢；④铜不足影响铁的吸收，过量铜抑制铁的吸收。

(5)维生素　维生素是指动物生长、繁殖、健康和维持所必需，维生素的生理功能可以形容为生命代谢活动的润滑剂，体内不能合成或合成量不能满足生猪需要，必须由饲料摄入的一类微量有机化合物。维生素虽然不能由生猪本身合成，但植物和微生物能合成各种维生素，所以猪通过采食植物性饲料便能获取其所需的维生素。植物组织，特别是新鲜青绿饲料维生素含量丰富，但植物性饲料在干燥、贮存、加工等过程中，维生素容易被破坏。因此，饲料原料维生素的含量极不稳定，变异很大。另外，引进猪种生产性能非常高，而且在集约化生产条件下，猪遭受很大的应激，对各种维生素的需求相对较高。因此，目前猪的饲料中均添加合成的维生素，以确保猪获得足够的维生素供应。

维生素一般分为两类：脂溶性维生素和水溶性维生素。脂溶性维生素包括维生素 A、维生素 D、维生素 E 和维生素 K；水溶性维生素包括硫胺素(B_1)、核黄素(B_2)、泛酸、胆碱、烟酸、维生素 B_6、维生素 B_{12}、生物素、叶酸和维生素 C。猪在维生素供给充足情况下，脂溶性维生素可以在体内储存相当的量，当饲料短时间缺乏时不会出现缺乏症；而水溶性维生素在猪体内基本上不能储存，因此应当从饲料中供给。一般认为，维生素 C 在猪的体内合成量足够需求。在猪能接受阳光照射的条件下，猪自身也能合成足够的维生素 D，但在规模化养猪生产中，猪一般见不到阳光，因此必须由饲料供给维生素 D。

(二)猪的饲养标准

1. 猪饲养标准的概念　饲养标准是指猪在一定生理生产阶段，为达到某一生产水平和效率，每头每日供给的各种营养物质的种类和数量或每千克饲粮各种营养物质含量或百分比。它加有安全系数(高于最低营养需要)，并附有相应饲料成分及营养价值表。

2. 猪饲养标准的作用 科学饲养标准的提出及其在生产实践中的正确运用，是迅速提高我国养猪生产和经济、合理利用饲料的依据，是保证生产、提高生产的重要技术措施，是科学技术用于实践的具体化，在生产实践中具有重要作用。合理的饲养标准是实际饲养工作的技术标准，它由国家的主管部门颁布。对生产具有指导作用，是指导猪群饲养的重要依据，它能促进实际饲养工作的标准化和科学化。饲养标准的用处主要是作为核计日粮（配合日粮、检查日粮）及产品质量检验的依据。无数的生产实践和科学实践证明，饲养标准对于提高饲料利用效率和提高生产力有着极大的作用。

3. 国外猪的饲养标准 美国 NRC、英国 ARC 猪的饲养标准，是世界上影响最大的两个猪饲养标准，被很多国家和地区采用或借鉴。现在美国 NRC 标准已经更新出版到第十版（NRC 1998）。NRC(1998)为各个生产阶段的猪提供了营养需要的估计量。必须提出的是，这些推荐估测量没有考虑因猪品种不同、养分的可利用率和含量水平的差异或者维生素在加工和贮存过程中的损耗等对营养需要量的影响。因此，正常的饲喂量应该比该标准要高一些，尤其是维生素和微量元素。

4. 国内猪的饲养标准 1949 年以前我国曾沿用德国 Kellner（凯尔纳）饲养标准和美国 Morrison（莫礼逊）的饲养标准。新中国成立后改用前苏联饲养标准，对我国影响较大，在我国流行很广。20 世纪 70 年代初又用美国 NRC 的"营养需要"。因此，长期以来没有本国的饲养标准。1958 年以后，虽有个别单位制订了猪、马、奶牛的饲养标准，但这些标准仅在一些单位使用，都未经国家主管部门正式批准公布。1983 年正式制定了我国《肉脂型猪的饲养标准》。1987 年国家标准局正式颁布《瘦肉型生长肥育猪饲养标准》，2004 年国家又颁布了《猪饲养标准》(NY/T 65—2004)。

二、猪常用饲料与饲粮配方技术

(一)不同种类饲料与营养特点

猪的常用饲料种类很多，按营养划分为能量饲料、蛋白质饲料、粗饲料、矿物质饲料、维生素饲料等。猪饲料原料应新鲜、无霉变和异味，原料中砷、铅、氟、铬、汞、镉、霉菌、黄曲霉、氰化物、亚硝酸盐、六六六、滴滴涕等有害物质和菌落总数等微生物的允许量及其检测方法，需符合《饲料卫生标准》(GB 13078—2001)。

1. 能量饲料　能量饲料是全价配合饲料中占比重最大的一类原料，凡干物质中粗纤维含量为18%以下，粗蛋白质含量在20%以下，每千克消化能在10.46兆焦以上的饲料均称为能量饲料，消化能在12.55兆焦/千克以上的饲料称为高能饲料。这类饲料是养猪生产中常用的能量饲料，占有极其重要地位，包括谷物类饲料、糠麸类、块根块茎及瓜果类、油脂等。其中用于猪饲料最主要的是谷物类和糠麸类。

谷物子实类能量饲料水分含量低，一般为14%左右，干物质含量在80%以上；无氮浸出物含量高，通常占饲料干物质的66%～80%，其中主要是淀粉；粗纤维含量低，一般在10%以下，因而这类饲料的适口性好。与其他饲料资源相比，谷物子实类饲料消化能高，除燕麦之外，使用量不受限制，消化利用率高，不足之处就是蛋白质含量低，而且赖氨酸、蛋氨酸和色氨酸的含量也很低。

(1)玉米　玉米是猪饲料中用量最大的一种原料。在我国粮食作物中，玉米产量仅次于水稻和小麦。

玉米是主要的能量饲料，消化能可达14兆焦/千克以上，是谷物类饲料中能值最高的。玉米子实中淀粉含量可达70%以上，而粗纤维含量很低,小于2.6%。玉米子实中含粗脂肪约4%,有的高油玉米品种可达10%,在谷实类中属脂肪含量较高的一种。玉米中的蛋白质含量低、质量也差,赖氨酸、蛋氨酸、色氨酸等必需氨基酸含量少。现代培育的一些高赖氨酸新品种玉米,其赖氨酸含量比常规玉米高70%~100%。玉米子实中所含的各种矿物质、微量元素也大部分不能满足畜禽的营养需要,其中磷多以植酸磷的形态存在,利用率较低。

饲料用玉米需色泽、气味正常,杂质含量≤1%,生霉粒≤2%,粗蛋白质≥8%(以干物质为基础),水分含量≤14%,一级饲料用玉米的脂肪酸值≤60毫克/100克,并以容重、不完善粒为标准分为三级(表4-1)。

表4-1 饲料用玉米等级质量指标

等 级	一 级	二 级	三 级
容重(克/升)	≥710	≥685	≥660
不完善颗粒(%)	≤5.0	≤6.5	≤8.0
粗灰分(%)	<2.0	<2.0	<2.0

(2)小麦 我国小麦总产量约占粮食总产量的1/4,仅次于水稻居第二位。

小麦的能值低于玉米,主要因其脂肪含量少。小麦所含碳水化合物中主要为淀粉,且含非淀粉多糖,可增加食糜黏度,影响吸收利用。小麦粗蛋白质含量为11%~16%,在谷实类中其蛋白质含量仅次于大麦,但必需氨基酸含量均较低,特别是赖氨酸、含硫氨基酸、色氨酸等必需氨基酸含量低。小麦的粗纤维含量较低,矿物质、微量元素含量较高,特别是磷含量较高,但有约50%为植酸态磷,利用率低。

饲料用小麦需籽粒整齐、色泽新鲜一致,无发酵、霉变、结块和异味异臭，水分含量低于12.5%。不得掺入饲料用小麦以外的物质，若加入抗氧化剂、防霉剂等添加剂时，应做相应说明。饲料用小麦以粗蛋白质、粗纤维、粗灰分为质量控制标准分为三级（表4-2）。饲料用小麦的包装、运输和储存必须符合保质、保量、运输安全和分类、分级储存的要求，严防污染。

表4-2 饲料用小麦等级质量指标

等级	一级	二级	三级
粗蛋白质(%)	≥14.0	≥12.0	≥10.0
粗纤维(%)	<2.0	<3.0	<3.5
粗灰分(%)	<2.0	<2.0	<2.0

注：各项质量指标含量均以87%干物质为基础计算

(3)高粱 我国高粱产量约占全国谷类粮食作物总产量的第五位。高粱的营养成分与玉米相近，为玉米的95%左右。高粱在饲料中的用量比例取决于单宁酸的含量，一般畜禽日粮单宁酸含量在0.2%以下时不会影响饲喂效果，颜色越深的高粱单宁酸含量越高。

高粱中含有约70%的碳水化合物及3%～4%的脂肪，蛋白质含量低，且必需氨基酸含量不能满足生猪的营养需要，特别是赖氨酸、含硫氨基酸及色氨酸含量不到猪需要量的一半。矿物质含量中除铁外，所有矿物质均不能满足猪的营养需要，50%以上总磷是植酸态磷，同时还含0.2%～0.5%的单宁。高粱适口性差，在猪日粮中所占比例一般不超过20%，同时需补充添加维生素A和蛋白质。

饲料用高粱需籽粒整齐、色泽新鲜一致，无发酵、霉变、结块和异味异臭，水分含量低于14%。不得掺入饲料用高粱以外的物质，若加入抗氧化剂、防霉剂等添加剂时，应做相应说明。饲料用高粱以粗蛋白质、粗纤维、粗灰分为质量控制标准分为三级(表 4-3)。饲料用高粱的包装、运输和储存必须符合保质、保量、运输安全和分类、分级储存的要求,严防污染。

表 4-3　饲料用高粱等级质量指标

等　级	一　级	二　级	三　级
粗蛋白质(%)	≥9.0	≥7.0	≥6.0
粗纤维(%)	<2.0	<2.0	<3.0
粗灰分(%)	<2.0	<2.0	<3.0

注:各项质量指标含量均以 86%干物质为基础计算

(4)大麦　大麦有皮大麦和裸大麦两种。大麦在我国分布很广,长江流域为主要产区。大麦含蛋白质较多,达到 11%～13%,消化能 12.64～13.56 兆焦/千克,居中等水平。大麦的蛋白质和脂肪酸质量优良,但缺乏赖氨酸和胡萝卜素,而且皮厚,含粗纤维较多,达到 2%～4.8%。大麦是喂猪的好饲料,特别是喂育肥猪,能生产白色硬脂肪的优质猪肉。喂时需粉碎,否则不易消化。在猪的饲料中最好不超过 30%,对于仔猪最好不超过 10%。

饲料用裸(皮)大麦需籽粒整齐、色泽新鲜一致,无发酵、霉变、结块和异味异臭,水分含量低于 13%。不得掺入饲料用裸(皮)大麦以外的物质,若加入抗氧化剂、防霉剂等添加剂时,应做相应说明。饲料用裸(皮)大麦以粗蛋白质、粗纤维、粗灰分为质量控制标准分为三级(表 4-4,表 4-5)。饲料用裸(皮)大麦的包装、运输和储存必须符合保质、保量、运输安全和分类、分级储存的要求,严防污染。

表 4-4　饲料用裸大麦等级质量指标

等　级	一　级	二　级	三　级
粗蛋白质(%)	≥13.0	≥11.0	≥9.0
粗纤维(%)	<2.0	<2.5	<3.0
粗灰分(%)	<2.0	<2.5	<3.5

注：各项质量指标含量均以 87%干物质为基础计算

表 4-5　饲料用皮大麦等级质量指标

等　级	一　级	二　级	三　级
粗蛋白质(%)	≥11.0	≥10.0	≥9.0
粗纤维(%)	<5.0	<5.5	<6.0
粗灰分(%)	<3.0	<3.0	<3.0

注：各项质量指标含量均以 87%干物质为基础计算

(5)小麦麸　小麦麸的适口性较好，质地蓬松，具有轻泻的作用，是妊娠母猪后期和哺乳母猪的良好饲料。小麦麸与玉米比，能量较低，蛋白质含量较高，可达 14.3%～15.7%。无氮浸出物消化率、消化能则比谷实低。小麦麸的钙、磷比谷实高，可分别达 0.1%和 0.9%，但必需氨基酸，尤其是赖氨酸、蛋氨酸仍为不足。小麦麸是 B 族维生素的良好来源，但缺乏胡萝卜素和维生素 D。其微量元素含量比谷实高。在仔猪、生长猪日粮中，用量不宜过多，一般应控制在 5%～15%(按干物质)，如果用来喂育肥猪和母猪，可适当加大比例，可控制在 20%以下。

饲料用小麦麸需籽粒整齐、色泽新鲜一致，无发酵、霉变、结块和异味异臭，水分含量低于 13%。不得掺入饲料用小麦麸以外的物质，若加入抗氧化剂、防霉剂等添加剂时，应做相应说明。饲料用小麦麸以粗蛋白质、粗纤维、粗灰分为质量控制标准分为三级(表4-6)。饲料用小麦麸的包装、运输和储存必须符合保质、保量、运输安全和分类、分级储存的要求,严防污染。

表4-6　饲料用小麦麸等级质量指标

等　级	一　级	二　级	三　级
粗蛋白质(%)	≥11.0	≥10.0	≥9.0
粗纤维(%)	<5.0	<5.5	<6.0
粗灰分(%)	<3.0	<3.0	<3.0

注:各项质量指标含量均以87%干物质为基础计算

(6)乳清粉　乳清粉是奶酪生产的副产品,大部分由外国进口,一般分为低蛋白乳清粉和低糖乳清粉。普通乳清粉蛋白质含量12%左右,乳糖含量60%以上。低蛋白乳清粉蛋白质含量3.8%,乳糖含量70%以上。乳清粉有甜味,适口性好,消化率高,蛋白质质量好。乳清粉尤其适宜在仔猪饲料中添加,可增加适口性,提高日粮消化率,降低消化道pH值。

饲料级乳清粉需呈均匀一致的淡黄色粉末,具有乳清固有的滋味和气味,无不良滋味和气味,无结块。乳清粉中不得掺入淀粉类物质,若乳清粉中含有淀粉,可用碘溶液进行鉴定(称取0.75克碘化钾和0.1克碘溶于30毫升水中),取1克乳清粉,加入5毫升水使其溶解,滴加碘溶液2毫升,若乳清粉中含有淀粉,则显蓝紫色。可用薄层色谱法鉴定乳清粉中的乳糖。乳清粉中乳糖、粗蛋白质、粗脂肪、水分、粗灰分、酸度、铅含量、总砷含量、大肠菌群、细菌总数、霉菌总数、沙门氏菌测定结果全部符合表4-7判为合格,如有一项不符合要求则整批为不合格。

表 4-7　乳清粉测定技术指标

项　目	乳　糖 (%)	粗蛋白质 (%)	粗脂肪 (%)	水　分 (%)	灰　分 (%)	酸　度 (°T)
指　标	≥61.0	≥2.0	≤1.5	≤5.0	≤8.0	≤2.0
项　目	砷 (毫克/千克)	铅 (毫克/千克)	细菌总数 (cfu/克)	大肠菌群 (MPN/100 克)	霉菌总数 (cfu/克)	沙门氏菌
指　标	≤1.0	≤1.5	≤15000	≤40	≤50	不得检出

资料来源：饲料级　乳清粉(NYT 1563—2007)

乳清粉应用复合纸袋包装。乳清粉标签应标明乳糖、粗蛋白质含量。乳清粉的运输应避免日晒、雨淋，不得与有毒、有害、有异味或影响产品质量的物品混装运输，应储存在干燥、通风良好的场所，不得与有毒、有害、有异味、易挥发、易腐蚀的物品同处储存，乳清粉的保质期为 12 个月。

(7)油脂　油脂有植物性油脂和动物性油脂两类，油脂是能量饲料中含可利用能量最高的饲料。一般而言，各种油脂净能含量相近，植物性油脂熔点低，饱和脂肪酸含量少，不饱和脂肪酸含量高，易于消化吸收，而动物性油脂则相反。油脂的能量效价相当于玉米的 205%。油脂的能量浓度非常高，在需要提高饲粮能量浓度时可以适当添加(例如仔猪和泌乳母猪饲粮)。添加油脂可降低饲料粉尘，提高饲料适口性，易于制粒等优点。油脂在使用时需注意其新鲜度，另外油脂中必须添加抗氧化剂，以提高油脂的稳定性。

饲料用植物性油脂一般有大豆油、玉米油、米糠油、棉籽油、菜籽油等。植物性油脂不得有酸败气味，应呈半透明状，具有该种油脂的固有气味和滋味，无其他异味。

饲料用动物性油脂一般为猪油、鱼油。动物性油脂一般为凝固态或融化态，猪油应为白色或黄色，稍有光泽，具有猪油固有的气味。鱼油呈浅黄色或红棕色，具有鱼油腥味，无异味。

2. 蛋白质饲料 蛋白质饲料是指干物质中粗纤维含量在18%以下，粗蛋白质含量为20%以上的饲料。这类饲料的粗纤维含量低，是配合饲料的基本成分。蛋白质饲料可分为植物性蛋白质饲料、动物性蛋白质饲料和单细胞蛋白质饲料。

(1)植物性蛋白质饲料 植物性蛋白质饲料是蛋白质饲料中使用最多的一类，主要为饼(粕)类及某些其他产品的副产品，常用的有大豆饼(粕)、花生饼(粕)、棉籽饼(粕)及玉米蛋白等。

①大豆饼(粕)。可分为大豆饼和大豆粕，是我国最常用的一种植物性蛋白质饲料。一般含粗蛋白质在40%～49%，赖氨酸可达2.5%左右，色氨酸0.1%左右，蛋氨酸0.38%左右，胱氨酸0.25%；富含铁、锌，其总磷中约一半是植酸磷；含胡萝卜素少，仅为0.2～0.4毫克/千克。大豆中含有抗营养因子，如胰蛋白酶抑制因子、尿素酶、异黄酮等，大部分经热即可破坏。在仔猪料中未经处理的豆粕添加量一般不要超过20%，经过膨化后可提高仔猪的适口性，消化吸收率大大增加，可有效降低因断奶引起的营养性腹泻。

饲料用大豆粕分为去皮大豆粕和带皮大豆粕，呈浅黄褐色或浅黄色不规则的碎片状或粗粉状，色泽一致，无发酵、霉变、结块、虫蛀及异味异臭。产品中不得掺入饲料用大豆粕以外的物质，若加入抗氧化剂、防霉剂、抗结块剂等添加剂时，要具体说明加入的品种和数量。饲料用大豆粕水分含量应低于12%。饲料用大豆粕以水分、粗蛋白质、粗纤维、粗灰分尿素酶活性和氢氧化钾蛋白质溶解度为质量控制标准分为三级(表4-8)。饲料用大豆粕可散装、袋装，应放在阴凉干燥处储存和混合储存，严禁与有毒有害物品或其他有污染的物品混合运输。标准规定饲料用大豆粕出厂需检验水分、粗蛋白质和粗纤维含量，合格后方可出厂(2004)。

表 4-8　饲料用大豆粕等级质量指标

项　目	带皮大豆粕		去皮大豆粕	
	一级	二级	一级	二级
水分(%)	≤12.0	≤13.0	≤12.0	≤13.0
粗蛋白质(%)	≥44.0	≥42.0	≥48.0	≥46.0
粗纤维(%)	≤7.0		≤3.5	≤4.5
粗灰分(%)	≤7.0		≤7.0	
尿素酶活性(以氨态氮计)毫克/分钟·克	≤0.3		≤0.3	
氢氧化钾蛋白质溶解度(%)	≥70.0		≥70.0	

注：粗蛋白质、粗纤维、粗灰分三项指标均以 88%或者 87%干物质为基础计算

资料来源：饲料用大豆粕(GB/T 19541—2004)

②豆类子实。饲料用豆类子实主要有大豆、蚕豆、扁豆、豌豆等，饲料用豆类子实粗蛋白含量丰富，为 22.8%～35.5%，其中大豆的蛋白含量最高。豆类子实的蛋白质品质最佳，赖氨酸含量高达 1.5%～5.26%。豆类子实中含有高胰蛋白酶、皂素、血凝集素等，影响适口性和消化能力。所以，在喂饲豆类子实前须经过 110℃至少 3 分钟的加热处理。

饲料用大豆需色泽、气味正常，杂质含量≤1%，生霉粒≤2%，水分≤13%。以不完善粒、粗蛋白质含量为定等级指标(表 4-9)。

表 4-9　饲料用大豆等级质量指标

等　级	不完善粒(%)		粗蛋白质(%)
	合　计	其中：热损伤粒	
一　级	≤5	≤0.5	≥36
二　级	≤15	≤1.0	≥35
三　级	≤30	≤3.0	≥34

资料来源：饲料用大豆(GB/T 20411—2006)

③花生饼(粕)。带壳花生饼含粗纤维15%以上,饲用价值低。国内一般都去壳榨油,去壳花生饼所含蛋白质40%～49%,消化能比较高,在12.5兆焦/千克以上,但其赖氨酸和蛋氨酸含量不足。花生饼本身虽无毒素,但储存容易感染黄曲霉素,易导致禽类中毒,对猪也有不良影响。因此,储藏时含水量一般不超过12%。花生饼是猪饲料中较好的蛋白源,猪喜食,但不宜多喂,一般不超过15%,否则猪体脂肪会变软,影响胴体品质。

饲料用花生饼(粕)呈小瓦片状或圆扁块状,色泽新鲜一致,呈黄褐色,无霉变、虫蛀、结块及异味异臭,水分不得超过12%。饲料用花生饼(粕)中不得掺入饲料用花生饼(粕)以外的物质,若加入抗氧化剂、防霉剂等添加剂时,应做相应的说明。饲料用花生饼(粕)以粗蛋白质、粗纤维、粗灰分为质量控制指标,按含量分为三级(表4-10)。

表4-10 饲料用花生饼(粕)等级质量指标

指　标	一　级	二　级	三　级
粗蛋白质(%)	≥48.0	≥40.0	≥36.0
粗纤维(%)	<7.0	<9.0	<11.0
粗灰分(%)	<6.0	<7.0	<8.0

注:各项质量指标含量均以88%干物质为基础计算

资料来源:饲料用花生粕(NY/T 133—1989)

④棉籽饼(粕)。棉籽饼(粕)是提取棉籽油后的副产品,一般含粗蛋白质36%～47%,去皮棉粕粗蛋白质达47%。产量仅次于大豆饼(粕),是一项重要的蛋白质资源。

棉籽饼(粕)与大豆饼(粕)相比,其消化能约为大豆饼(粕)的83.2%,粗蛋白质约为大豆饼(粕)的80%,其赖氨酸含量为1.48%,色氨酸的含量为0.47%,蛋氨酸含量为0.54%,胱氨酸含量为0.61%。胡萝卜素和维生素D含量较少,磷、铁和锌的含量丰富。但植酸磷含量为0.62%～0.67%，含量较高。棉籽仁中含有对动物有害的棉酚，达0.4%以上，棉籽油中含有环丙烯，也是一种有害物质。所以，乳猪、仔猪及母猪不能用棉籽饼，生长猪和育肥猪日粮中可添加4%～6%。用1%硫酸亚铁溶液浸泡棉籽饼(粕)24小时，除去浸泡液后饲喂可改善饲用价值。猪对棉籽饼(粕)中蛋白质的消化率达80%左右，消化能为10.88～12.56兆焦/千克。

饲料用棉籽粕呈黄褐色或金黄色小碎片或粗粉状，有时夹杂小颗粒，色泽均匀一致，无发酵、霉变、结块及异味异臭。饲料用棉籽粕以其粗蛋白质、粗纤维、粗灰分、粗脂肪和水分含量为依据进行分级(表4-11)。饲料用棉籽粕的等级按游离棉酚的含量分为低酚棉籽粕、中酚棉籽粕及高酚棉籽粕，其相应的分级见表4-12。

表4-11　饲料用棉籽粕等级质量指标

<table>
<tr><th rowspan="2">项　目</th><th colspan="5">等　级</th></tr>
<tr><th>一　级</th><th>二　级</th><th>三　级</th><th>四　级</th><th>五　级</th></tr>
<tr><td>粗蛋白质(%)</td><td>≥50.0</td><td>≥47.0</td><td>≥44.0</td><td>≥41.0</td><td>≥38.0</td></tr>
<tr><td>粗纤维(%)</td><td>≤9.0</td><td>≤12.0</td><td>≤14.0</td><td colspan="2">≤16.0</td></tr>
<tr><td>粗灰分(%)</td><td colspan="2">≤8.0</td><td colspan="3">≤9.0</td></tr>
<tr><td>粗脂肪(%)</td><td colspan="5">≤2.0</td></tr>
<tr><td>水分(%)</td><td colspan="5">≤12.0</td></tr>
</table>

表4-12　饲料用棉籽粕中游离棉酚的含量及分级

项　目	分　级		
	低酚棉籽粕	中酚棉籽粕	高酚棉籽粕
游离棉酚含量(毫克/千克)	≤300	300<FG≤750	750<FG≤1200

注：FG为游离棉酚(free gossypol)

资料来源：饲料用棉籽粕(GB/T 21264—2007)

⑤菜籽饼(粕)。油菜是我国主要油料作物之一,其产量占世界第二位。菜籽饼(粕)是油菜籽提取油脂后的副产品。菜籽饼(粕)粗蛋白质含量35%～38%,赖氨酸含量为1.3%～2.08%,色氨酸含量0.4%左右,蛋氨酸0.63%～0.74%,稍高于豆饼与棉籽饼等。菜籽饼(粕)粗纤维含量可达11%,粗灰分含量4%～7%。菜籽饼(粕)中微量元素硒、铁、锰、锌含量较高,但铜含量较低。菜籽饼(粕)含毒素较高,芥子苷含量达3%～8%,磷酸盐含量1%,具有苦涩味,影响适口性和蛋白质的利用效果,阻碍猪的生长。一般乳猪、仔猪最好不用,生长猪、育肥猪和母猪可在日粮中添加4%～8%为宜,不会影响增重和产仔,中毒现象也不会发生。

饲料用菜籽粕呈褐黄色或棕黄色粗粉状或粗粉状夹杂小颗粒,新鲜色泽一致,无发酵、霉变、结块、虫蛀及异味异臭,无残杂物。饲料用菜籽粕以其粗蛋白质、中性洗涤纤维、硫苷、粗纤维、粗灰分、粗脂肪、水分指标为等级划分指标,进行等级划分(表4-13)。

表4-13 饲料用菜籽粕等级质量指标

项 目	指 标		
	一 级	二 级	三 级
粗蛋白质[a]%	≥39.0	≥37.0	≥35.0
中性洗涤纤维[a]%	≤28.0	≤31.0	≤35.0
硫苷[a]微摩/克	≤40.0	≤75.0	不要求
粗纤维[a]%	≤12.0		
粗脂肪[a]%	≤3.0		
粗灰分[a]%	<8.0		
水分[b]%	≤12.0		

注:a项目均以88%干物质为基础计算,b项目以风干基础计算

资料来源:饲料用菜籽粕(NY/T 126—2005)

⑥米糠饼(粕)。米糠饼(粕)是以米糠为原料，由压榨法、浸提法或预压浸提法取油后的产品。饲料用米糠饼为黄褐色的片状或圆饼状，饲料用米糠粕为淡灰黄色粉状，色泽新鲜一致，无发酵、霉变、结块及异味异臭。饲料用米糠饼(粕)粗蛋白质含量为14.7%～15.1%，粗纤维含量7.4%～7.5%，钙含量0.14%～15%，非植酸磷含量0.22%～24%，消化能12.51～12.64兆焦/千克。饲料用米糠饼水分含量不得超过12%，饲料用米糠粕水分含量不得超过13%。饲料用米糠饼粕中不得掺入饲料用米糠饼(粕)以外的物质，若加入抗氧化剂、防霉剂等添加剂时，应做相应说明。饲料用米糠饼(粕)以粗蛋白、粗纤维、粗灰分为质量控制指标，并按含量分为三级(表4-14、表4-15)。饲料用米糠饼(粕)的包装、运输和储存，必须符合保质、保量、运输安全和分类、分级储存的要求，严防污染。

表4-14　饲料用米糠饼等级质量指标

项　目	一　级	二　级	三　级
粗蛋白质(%)	≥14.0	≥13.0	≥12.0
粗纤维(%)	<8.0	<10.0	<12.0
粗灰分(%)	<9.0	<10.0	<12.0

注：各项指标含量均以88%干物质为基础计算

资料来源：饲料用米糠饼(NY/T 123—1989)

表4-15　饲料用米糠粕等级质量指标

项　目	一　级	二　级	三　级
粗蛋白质(%)	≥15.0	≥14.0	≥13.0
粗纤维(%)	<8.0	<10.0	<12.0
粗灰分(%)	<9.0	<10.0	<12.0

注：各项指标含量均以87%干物质为基础计算

资料来源：饲料用米糠粕(NY/T 124—1989)

(2)动物性蛋白质饲料　动物性蛋白质饲料主要包括鱼粉、肉类和乳品加工副产品以及其他动物产品。

①鱼粉。鱼粉是优质的蛋白质饲料,不仅蛋白质含量多,而且赖氨酸、含硫氨基酸和色氨酸等必需氨基酸含量均很丰富。进口鱼粉含粗蛋白质50%～68%,而国产鱼粉粗蛋白质含量为40%～55%,并且粗脂肪和盐的含量偏高,易酸败变质。鱼粉中水分含量不超过10%,脂肪含量不能超过14%。鱼粉添加量可达5%～10%,在猪的饲料中,特别是仔猪饲料添加适量鱼粉,可改善日粮结构,平衡日粮,提高猪的日增重。

鱼粉生产使用的原料只能是鱼、虾、蟹类等水产动物及其加工的废弃物,不得使用受到石油、农药、有害金属或其他化合物污染的原料加工鱼粉。必要时原料应进行分拣,并去除砂石、草木、金属等杂物。加工鱼粉的原料应保持新鲜,不得使用已腐败变质的原料。鱼粉以感官指标和理化指标划分等级(表4-16)。合格鱼粉的色泽均匀一致,红鱼粉应呈黄褐色或黄棕色,白鱼粉应呈黄白色。鱼粉特级产品应膨松、纤维状组织明显、无结块、无霉变,一级、二级鱼粉应较膨松、纤维状组织较明显,无结块、无霉变,三级鱼粉应松软粉状物、无结块、无霉变。合格鱼粉应具有鱼粉应有的气味,特级或一级鱼粉有鱼香味,无焦灼味和油脂酸败味,二级或三级鱼粉具有鱼粉正常气味,无异臭、无焦灼味和明显油脂酸败味。

表4-16　鱼粉等级质量指标

项　目	指　标			
	特　级	一　级	二　级	三　级
粗蛋白质(%)	≥65	≥60	≥55	≥50
粗脂肪(%)	≤11(红鱼粉) ≤9(白鱼粉)	≤12(红鱼粉) ≤10(白鱼粉)	≤13	≤14

续表 4-16

项目	指标			
	特级	一级	二级	三级
水分(%)	≤10	≤10	≤10	≤10
盐分(%)	≤2	≤3	≤3	≤4
灰分(%)	≤16(红鱼粉) ≤18(白鱼粉)	≤18(红鱼粉) ≤20(白鱼粉)	≤20	≤23
砂分(%)	≤1.5	≤2	≤3	
赖氨酸(%)	≥4.6(红鱼粉) ≥3.6(白鱼粉)	≥4.4(红鱼粉) ≥3.4(白鱼粉)	≥4.2	≥3.8
蛋氨酸(%)	≥1.7(红鱼粉) ≥1.5(白鱼粉)	≥1.5(红鱼粉) ≥1.3(白鱼粉)	≥1.3	
胃蛋白酶消化率(%)	≥90(红鱼粉) ≥88(白鱼粉)	≥88(红鱼粉) ≥86(白鱼粉)	≥85	
挥发性盐基氮(毫克/100克)	≤110	≤130	≤150	
油脂酸价(毫克/克)	≤3	≤5	≤7	
尿素(%)	≤0.3		≤0.7	
组胺(毫克/千克)	≤300(红鱼粉)	≤500(红鱼粉)	≤1000(红鱼粉)	≤1500(红鱼粉)
	≤40(白鱼粉)			
铬(毫克/千克)	≤8			
粉碎粒度(%)	≥96(通过筛孔为2.80毫米的标准筛)			
杂质(%)	不含非鱼粉原料的含氮物质(植物油饼粕、皮革粉、羽毛粉、尿素、血粉、肉骨粉等)以及加工鱼露的废渣			

资料来源：鱼粉(GB/T 19164—2003)

鱼粉出厂需检验其感官指标、粗蛋白质、粗脂肪、水分、盐分、灰分、砂分、粉碎粒度等准确、快速反映产品品质的指标，合格后方可出厂。产品标签按《饲料标签标准》(GB 10648—2013)执行，必须标明产品名称、质量等级、产品成分分析保证值、净含量、生产日期、保质期、生产者、经销商的名称、地址、生产许可证和产品批准文号及其他内容。产品的包装材料应采用干净、防潮的纸袋或塑料编织袋或麻袋，内衬塑料薄膜袋，缝口牢固无鱼粉漏出。产品运输时防止受农药、化学药品、煤炭、油类、石灰等有毒有害物质污染，防日晒雨淋、防霉潮。产品贮存时应离开干墙壁 20 厘米，底面应有垫板与地面隔开，防止受潮、霉变、虫、鼠害及有害物质的污染。产品保质期为 12 个月。

②血粉。血粉是由畜禽新鲜血液加工而成的供饲料用的血粉，血粉可分为常规血粉、瞬时干燥血粉、喷雾干燥血粉、喷雾干燥血浆蛋白、喷雾干燥血细胞粉。采用高温、压榨、干燥制成的血粉，溶解性差、消化率低；而采用低温、喷雾干燥法制成的血粉或者经过二次发酵的血粉，溶解性好、消化率也高。饲料用血粉粗蛋白质含量可达 70%～92%，赖氨酸含量高，可达 7%以上，异亮氨酸含量很少。

饲料用血粉的水分含量不得高于 10%，色泽暗红色或褐色，呈干燥粉粒状物，具有其固有的气味，无腐败变质气味，不含砂石等杂质，且能通过 2～3 毫米孔筛。饲料用血粉以粗蛋白质、粗纤维、水分、灰分含量等级分级(表 4-17)。饲料用血粉中不得检出沙门氏菌等致病菌。产品包装应两层，内包装用聚乙烯薄膜并严密封口，外包装用塑料编织袋或其他材料定量包装，包装需标明产品品名、等级、数量、企业名称、生产日期、储存条件。饲料用血粉应储存在干燥、通风良好、阴凉的仓库中，保质期 6 个月。运输时不得雨淋，不得与有毒物品混装。

表 4-17　饲料用血粉等级质量指标

分　级	粗蛋白质	粗纤维	水　分	灰　分
一　级	≥80	<1	≤10	≤4
二　级	≥70	<1	≤10	≤6

资料来源：饲料用血粉(SB/T 10212—94)

③肉骨粉。饲料用肉骨粉是以新鲜无变质的动物废弃组织及骨经高温高压、蒸煮、灭菌、脱脂、干燥、粉碎制成。饲料用肉骨粉为黄色至黄褐色油性粉状物，具有骨粉固有气味，无腐败气味。产品中除不可避免的少量混杂以外，不应添加毛发、蹄、角、羽毛、血、皮革、胃肠内容物及非蛋白含氮物质。不得使用发生疫病的动物废弃组织及骨加工饲料用肉骨粉，加入抗氧化剂时应标明其名称。

饲料用肉骨粉中铬≤5 毫克/千克、总磷≥3.5%、粗脂肪≤12%、粗纤维≤3%、水分≤10%，钙含量应当为总磷含量的 180%～220%。饲料用肉骨粉以粗蛋白质、赖氨酸、胃蛋白酶消化率、酸价、挥发性盐基氮、粗灰分为分级定级标准(表 4-18)。

表 4-18　饲料用肉骨粉等级质量指标

等　级	质量指标					
	粗蛋白质(%)	赖氨酸(%)	胃蛋白酶消化率(%)	酸价(毫克/千克)	挥发性盐基氮(毫克/100 克)	粗灰分(%)
一　级	≥50	≥2.4	≥88	≤5	≤130	≤33
二　级	≥45	≥2.0	≥86	≤7	≤150	≤38
三　级	≥40	≥1.6	≥84	≤9	≤170	≤43

资料来源：饲料用骨粉及肉骨粉(GB/T 20193—2006)

饲料用肉骨粉产品应符合《动物源性饲料产品安全卫生管理

办法》的有关规定、国家检疫有关规定和《饲料卫生标准》(GB 13078—2001)的规定，同时饲料用肉骨粉中不得检出沙门氏菌。产品包装标志和标签应符合《饲料标签标准》(GB 10648—2013)，并在标签上标注“本产品不得饲喂反刍动物”。饲料用肉骨粉应用内衬塑料薄膜双层包装，运输时严禁与有毒有害物品或其他有污染的物品混装，并应储存在阴凉干燥处，防潮、防霉变、防虫蛀，产品保质期为180天。

④饲用酵母。酵母是真菌的一种，饲用酵母粗蛋白含量45%左右，赖氨酸含量3%以上，其蛋白质的生物学价值介于动物蛋白与植物蛋白之间。饲料用酵母主要是猪日粮蛋白质和维生素的添加成分，以改善氨基酸的组成，补充B族维生素，提高日粮的利用率。但饲料酵母具有苦味，适口性差，在猪饲粮配比中一般不超过5%。

饲用活性干酵母是以糖蜜、淀粉为主要原料，经液态发酵通风培养酿酒酵母，并从其发酵醪液中分离出酵母活菌体，经脱水干燥后制得的可直接添加于饲料中的活菌产品。饲用活性干酵母呈淡黄色至淡棕黄色，外观呈颗粒状或条状，具有酵母特殊气味，无腐败，无异臭味。饲用活性酵母的酵母活细胞数每克应大于150亿个，其水分含量应小于6%。饲用干酵母中细菌总数不可多于2×10^6个，霉菌属不可大于2×10^4个，铅含量小于1.5毫克/千克，总砷含量小于2毫克/千克，不得检出沙门氏菌。

饲用活性干酵母出厂前应经生产单位检验部门逐批检验合格，并签发产品质量检验合格证，出厂检验项目包括：感官要求、酵母活细胞数、水分、细菌总数、净含量、标签等。饲用活性干酵母产品标签应符合《饲料标签标准》(GB 10648—2013)的规定，产品储运图示的标志应符合《包装储运图示标志》(GB/T 191—2008)的有关规定，产品的包装材料应符合国家有关的安全、卫生规定，包装应密封、无破损。饲用活性干酵母在运输过程中须防雨、雪、日晒、高温、受潮、重压和人为损坏，储存过程中应防鼠咬、虫蛀，不得与有毒、有害及有异臭味物质存放在一起。

3. 粗饲料 一般粗纤维含量在18%以上的干饲料归类于粗饲料。粗饲料消化率低，可利用营养少。猪的消化道特点决定了其可利用的粗饲料有限。

(1)苜蓿草粉 苜蓿草粉的营养价值相当于玉米的62%，由苜蓿经日晒、干燥、脱水、粉碎制成。苜蓿的刈割期影响草粉的营养价值，刈割越早蛋白质含量越高。喂猪的苜蓿草粉应在现花初期之前刈割。苜蓿草粉粗蛋白质含量为14%～20%，粗纤维含量为25%～30%，消化能为6～7兆焦/千克。苜蓿草粉富含胡萝卜素、维生素D，适口性好，可促进肠道蠕动，有防止便秘和消化道溃疡的作用，在种猪、妊娠母猪、后备猪日粮中添加一些效果很好，但添加量不宜多。

饲料用苜蓿草粉呈粉状、颗粒状或为草饼，暗绿色、绿色，无发酵、霉变、结块及异味异臭。饲料用苜蓿草粉水分含量不得超过13%。饲料用苜蓿草粉中不得掺入苜蓿草粉以外的物质，若加入抗氧化剂、防霉剂等添加剂时，应说明。饲料用苜蓿草粉以粗蛋白质、粗纤维、粗灰分为质量等级分级指标(表4-19)。饲料用苜蓿草粉的包装、运输和储存，必须符合保质、保量、运输安全和分类、分级储存的要求，严防污染。

表4-19 饲料用苜蓿草粉等级质量指标

指 标	一 级	二 级	三 级
粗蛋白质(%)	≥18.0	≥16.0	≥14.0
粗纤维(%)	<25.0	<27.5	<30.0
粗灰分(%)	<12.5	<12.5	<12.5

注：各项指标含量均以87%干物质为基础计算

资料来源：饲料用苜蓿草粉(NY/T 140—1989)

(2)米糠　饲料用米糠是以糙米为原料,精制大米后的副产品。饲料用米糠呈淡黄灰色的粉状,色泽新鲜一致,无酸败、霉变、结块、虫蛀及异味异臭。饲料用米糠粗蛋白质含量12%,粗纤维含量5.7%,粗灰分含量7.5%,钙含量0.07%,非植酸磷含量0.1%。饲料用米糠水分不得超过13%,产品中不得掺入饲料用米糠以外的物质,若加入抗氧化剂、防霉剂等添加剂时,应做相应的说明。饲料用米糠以粗蛋白质、粗纤维、粗灰分为质量控制指标,并按含量分为三级(表4-20)。饲料用米糠的包装、运输和储存,必须符合保质、保量、运输安全和分类、分级储存的要求,严防污染。

表4-20　饲料用米糠等级质量指标

指　标	一　级	二　级	三　级
粗蛋白质(%)	≥13.0	≥12.0	≥11.0
粗纤维(%)	<6.0	<7.0	<8.0
粗灰分(%)	<8.0	<9.0	<10.0

注:各项指标含量均以87%干物质为基础计算

资料来源:饲料用米糠(NY/T 122—1989)

(3)甘薯干、秧粉　饲料用甘薯干粗蛋白质含量2.5%,粗纤维含量2.5%。饲料用甘薯干呈片状或细条状,无尘土黏结物,无发酵、霉变、结块及异味异臭。饲料用甘薯干水分含量不得超过13%,其中不得掺入饲料用甘薯干以外的物质,若加入抗氧化剂、防霉剂等添加剂时,应做相应的说明。饲料用甘薯干以粗纤维、粗灰分为质量控制指标(表4-21)。饲料用甘薯干的卫生指标应符合《饲料卫生标准》(GB 13078—2001)。饲料用甘薯干的包装、运输、储存,必须符合保质、保量、运输安全和分级储存的要求,严防污染。

表 4-21　饲料用甘薯干等级质量指标

质量指标	粗纤维(%)	粗灰分(%)
含　量	<4.0	<5.0

注：各项指标含量均以87%干物质为基础计算，粗纤维、粗灰分按GB 6433—6439的有关规定检验

资料来源：饲料用甘薯干(NY/T 121—1989)

(4)甘薯叶粉　饲料用甘薯叶粉是以新鲜甘薯叶、叶柄及部分甘薯茎为原料，经人工干燥、晾干或晒干再经粉碎、加工而成。饲料用甘薯叶粉的水分含量不得超过13.0%，其中不得掺入饲料用甘薯茎、叶(含叶柄)粉以外的物质，若加入抗氧化剂、防霉剂等添加剂时，应做相应的说明。饲料用甘薯叶粉以粗蛋白质、粗纤维、粗灰分为质量控制指标，并按含量分为三级(表4-22)。饲料用甘薯叶粉的卫生指标应符合《饲料卫生标准》(GB 13078—2001)。饲料用甘薯叶粉的包装、运输、储存，必须符合保质、保量、运输安全和分级储存的要求，严防污染。

表 4-22　饲料用甘薯叶粉等级质量指标

指　标	一　级	二　级	三　级
粗蛋白质(%)	≥15.0	≥13.0	≥11.0
粗纤维(%)	<13.0	<18.0	<23.0
粗灰分(%)	<13.0	<13.0	<13.0

注：各项指标含量均以87%干物质为基础计算

资料来源：饲料用甘薯叶粉(NY/T 142—1989)

(5)木薯干　饲料用木薯干是用成熟的木薯块根经切片、干燥后制成。饲料用木薯干呈片状、条状或不规则形状，色泽一致，为无光泽的白色，无发酵、霉变、结块及异味异臭。饲料用木薯干中水分含量不得超过13%，其中不得掺入饲料用木薯干以外的物

质，若加入抗氧化剂、防霉剂等添加剂时，应做相应说明。饲料用木薯干以粗纤维、粗灰分为质量控制指标（表 4-23）。饲料用木薯干的卫生指标应符合《饲料卫生标准》（GB 13078—2001）。饲料用木薯干的包装、运输、储存，必须符合保质、保量、运输安全和分级储存的要求，严防污染。

表 4-23 饲料用木薯干等级质量指标

质量指标	粗纤维（%）	粗灰分（%）
含　量	<4.0	<5.0

注：各项指标含量均以 87%干物质为基础计算，粗纤维、粗灰分按 GB 6433—6439 的有关规定检验

资料来源：饲料用木薯干（NY/T 120—1989）

4. 矿物质饲料　矿物质饲料是补充矿物质需要的饲料，常用的矿物质饲料以补充钙、磷、钠、氯等常量元素为主，主要饲料原料包括食盐、含磷矿物质、含钙矿物质、含磷钙的矿物质。一般将动物体内含量高于 0.01%的称为常量元素，含量低于 0.01%的称为微量元素。常量元素包括钠、氯、钙、磷、镁、钾、硫。微量元素包括铁、铜、锌、锰、钴、碘、硒、氟、钼、铬等。

（1）*食盐*　猪饲粮是以植物性饲料为主，而植物性饲料中含钠和氯较小，含钾丰富。为满足猪对钠、氯的需要，应在日粮中补充 0.3%左右的食盐，以提高饲料的适口性，增强食欲。

（2）*含磷的矿物质饲料*　在猪饲料生产中，钙和磷利用很广泛，绝大多数的谷类饲料中钙的含量低，40%～60%的磷以植酸磷的形式存在，而不能利用，添加植酸酶不仅可以减少 30%左右磷酸氢钙的添加量，还可显著提高日增重和饲料利用率。只含磷的矿物质饲料在生产实践中使用不多，当猪饲粮钙的比例过高或钙、磷饲料缺乏时，用其来补充磷的含量和平衡钙磷比例。常用补磷的矿物质有磷酸二氢钠、磷酸氢二钠，其磷含量分别为 25.81%和 21.82%。

(3)含钙的矿物质饲料　含钙的矿物质饲料主要有石粉、贝壳粉、蛋壳粉、碳酸钙等。石粉：主要指石灰石粉，为天然的碳酸钙，含钙34%～38%，为最广泛的补钙来源。贝壳粉：其主要成分为碳酸钙，含钙32%～35%，成本较为低廉，也是使用比较广泛的补钙饲料。碳酸钙的钙含量为38%，蛋壳粉的含钙量为30%～40%。

(4)含钙磷的矿物质饲料　既含钙又含磷的矿物质饲料在生产中使用较为广泛，通常与含钙的饲料共同配合使用，以使饲粮钙、磷比例适宜。这类矿物质饲料有骨粉、磷酸氢钙、磷酸钙、过磷酸钙等。

饲料用骨粉含钙25%以上，含磷12%以上。磷酸氢钙的钙、磷比例约为3∶2，接近动物需要平衡比例，其含钙23%以上，含磷16%以上。猪对钙、磷的吸收利用率，磷酸氢钙＞骨粉。猪对钙、磷的吸收应与相应的维生素D含量相对应。

饲料用骨粉是以新鲜无变质的动物骨经高压蒸汽灭菌、脱脂或经脱胶、干燥、粉碎后的产品。饲料用骨粉为浅灰褐色至浅黄褐色粉状物，具有骨粉固有的气味，无腐败气味。除含少量油脂、结缔组织以外，不得含有骨粉以外的物质。不得使用发生疫病的动物骨加工饲料用骨粉，若加入抗氧化剂时应标明其名称。饲料用骨粉中总磷含量应≥11%，粗脂肪含量≤3%，酸价≤3毫克/千克，水分含量≤5%，钙含量应为总磷含量的180%～220%。饲料用骨粉产品应符合《动物源性饲料产品安全卫生管理办法》的有关规定，国家检疫有关规定和《饲料卫生标准》(GB 13078—2001)的规定，同时饲料用骨粉中不得检出沙门氏菌。产品包装标志和标签应符合《饲料标签标准》(GB 10648—2013)，并在标签上标注“本产品不得饲喂反刍动物”。饲料用骨粉应用内衬塑料薄膜双层包装，运输时严禁与有毒有害物品或其他有污染的物品混装，并应储存在阴凉干燥处，防潮、防霉变、防虫蛀，产品保质期为180天。

5. 维生素饲料　维生素是维持机体代谢必需的低分子营养

物，是猪生长、繁殖、健康和维持所必需，体内不能合成或合成量少不能满足动物需要，必须由饲料供给的一类微量有机化合物。维生素虽然动物本身不能合成，但是植物和微生物能合成各种维生素，所以通过采食植物性饲料便能获取其所需的维生素。维生素添加剂占饲料成本的2%以下，需要额外补充，缺乏和过量添加均对猪的健康有害。

影响维生素添加量的因素主要有猪的消化吸收情况、饲养方式、饲料中拮抗物、猪体应激，以及维生素添加剂的稳定性、生物利用率等。

维生素一般分为两类：脂溶性维生素和水溶性维生素。脂溶性维生素包括维生素A、维生素D、维生素E和维生素K。水溶性维生素包括硫胺素（B_1）、核黄素（B_2）、泛酸、胆碱、烟酸、维生素B_6、维生素B_{12}、生物素、叶酸和维生素C。

（二）猪全价日粮配制技术

1. 猪全价日粮配制方法

（1）猪日粮配制的原则　猪的饲粮配制应根据猪对各种营养素的需要量，即“饲养标准”和猪常用饲料的营养成分和营养价值表，结合当地饲料资源来进行。

第一，选用适宜的饲养标准和饲料成分表，可以参照我国2004年颁发的猪饲养标准。

第二，营养水平要适宜。猪生长快，瘦肉率高，要求营养水平较高，在配猪料时，要使各营养之间达到平衡，其中要特别注意必需氨基酸的平衡，才能收到良好的效果。

第三，要注意猪的采食量与饲料体积大小的关系。如果配料体积过大，猪往往吃不完；体积过小，则吃不饱。

第四，控制饲料粗纤维含量，乳猪、仔猪不超过4%，生长育肥猪不超过6%，种猪不超过8%，否则会影响猪对饲料的利用率。

第五，要考虑饲料的适口性，适口性好的饲料多用些，差的少用些。

第六，饲料如果发霉变质，不能用作猪饲料，否则影响猪的生长和饲料利用率。

第七，饲料要优质价廉，并多样化，做到多种饲料合理搭配，以发挥各种物质的互补作用，提高饲粮的利用率和营养需要。

第八，在配料中既要注意主要饲料的消化率(表 4-24)，又要注意各种饲料在饲粮中的一般用量限制因素(表 4-25)，配制高档次、低成本的优质日粮。

表 4-24　主要精饲料的消化率　(%)

饲料名称	有机物质	粗蛋白质	粗纤维	粗脂肪	无氮浸出物
大　麦	86	75	42	78	91
燕　麦	74	79	32	86	79
黑　麦	88	76	45	60	92
玉　米	90	71	72	89	93
小　米	76	70	70	75	83
高　粱	86	66	55	75	90
豌　豆	88	86	55	64	93
大　豆	84	90	57	92	74
粗麸皮	63	77	30	70	73
细麸皮	72	77	30	83	77
米　糠	67	63	24	81	75
花生饼	71	86	23	92	78
大豆饼	89	92	76	60	91
油菜籽饼	74	84	31	90	78

续表 4-24

饲料名称	有机物质	粗蛋白质	粗纤维	粗脂肪	无氮浸出物
亚麻饼	78	86	35	93	80
棉籽饼	54	71	35	84	56
棉仁饼	75	85	32	94	69

表 4-25　各种饲料的一般用量　（%）

饲料名称	仔　猪	生长猪	育肥猪	妊娠母猪	哺乳母猪
苜蓿草粉	0	5	5	90	10
大　麦	25	80	60	80	80
血　粉	0	3	3	3	3
玉　米	70	80	90	85	85
棉籽饼	0	5～10	5～10	5～10	5～10
鱼　粉	5	10	5	10	10
亚麻粉	5～10	5～10	5～10	5～10	5～10
肉骨粉	5	5	5	10	10
高　粱	6	8	9	8	8
燕　麦	0	20	20	70	15
干脱脂奶	40	0	0	0	0
大豆饼	60	5	20	20	20
糟　渣	0	5	5	10	6
小　麦	60	80	90	85	85
菜籽饼	0	8～15	8～15	10	8
骨　粉	1.5	20	2.0	1.5	2.0
麸　皮	20	30	20	30	20

(2)饲料原料在日粮中的一般用量及其限制因素 由于猪的生理特点和不同生理阶段对日粮营养成分的需求不同,同时又由于饲料原料营养不均衡,甚至含有营养抑制因子,所以饲料原料的使用应适量,主要表现在以下四个方面:①饲料适口性差或不易消化吸收,如血粉;②粗纤维含量高,用量过多会影响其他养分的消化率,如燕麦、糟渣类;③用量过多,本身会造成浪费,如鱼粉、豆饼、骨粉;④饲料中含有毒素,过量会引起中毒,如棉籽饼、菜籽饼。

(3)日粮配制方法 日粮的配制方法有许多种,如方块法、联立方程式法、矩阵法、试差法、程序法。下面以试差法为例,说明饲粮配制方法。

试差法又叫试差平衡法。该方法是先按饲养标准规定,根据饲料营养价值表,粗略地把选用的饲料原料进行试配合,计算其中的各种营养成分,然后与饲养标准相比较,对于超标和不足的营养成分进行增减调整,并计算其中的营养成分,再与饲养标准做比较,再调整,再计算,直至最后完全满足营养需要规定为止。其具体步骤如下:①查出饲养标准,列出猪的营养物质需要量;②确定所用饲料种类、查饲料营养成分及营养价值表,列出所用各种饲料的营养成分及含量;③初步确定出所用各种饲料中的大致比例,并进行计算,得出初配饲料计算结果;④将计算结果与饲养标准比较,依其差异程度高于配方比例,再进行计算、调整,直至与饲料标准接近一致为止。此法以手工计算比较麻烦与原始。

下面举例说明试差法配合日粮的具体方法。

情况介绍:仔猪(10～20 千克)阶段全价日粮配制。现有饲料种类为,玉米、豆粕、麸皮、鱼粉、骨粉、食盐和预混物。

第一步,查 10～20 千克阶段仔猪饲料标准(饲粮中营养成分含量)。

消化能 13.85 兆焦/千克,粗蛋白质 19%,钙 0.64%,总磷 1.54%,赖氨酸 0.9%,蛋氨酸+胱氨酸 0.59%。

第二步，查猪的饲料成分及营养价值表，列表见玉米等饲料营养价值表（表 4-26）。

表 4-26 玉米等饲料营养价值表

饲料名称	消化能（兆焦/千克）	粗蛋白质（%）	钙（%）	磷（%）	赖氨酸（%）	蛋氨酸（%）
玉 米	14.27	8.70	0.02	0.27	0.24	0.18
豆 粕	13.18	43.00	0.32	0.61	2.45	0.64
鱼 粉	12.55	60.20	4.04	2.90	4.72	1.64
麸 皮	9.37	15.70	0.11	0.92	0.58	0.13
骨 粉			29.80	12.50		

第三步，试配，初步确定各种风干饲料在配方中的重量百分比，并进行计算，得出初配饲料计算结果。再与饲养标准比较（表 4-27）。

表 4-27 消化能和粗蛋白质的需要量比较

饲料名称	配比（%）	消化能（兆焦/千克）	粗蛋白质（%）
玉 米	60	14.27×0.60=8.56	8.7×0.60=5.22
豆 粕	30	13.18×0.30=3.95	43×0.30=12.90
鱼 粉	3	12.55×0.03=0.38	60.2×0.03=1.81
麸 皮	4.2	9.37×0.042=0.39	15.7×0.042=0.66
骨 粉	1.5		
食 盐	0.3		
预混物	1		
合 计	100	13.28	20.59
饲养标准		13.60	19
与饲养标准比较		−0.32	1.59

第四步，调整消化能，粗蛋白质的需要量。与饲养标准比较结果，能量与标准略较低，粗蛋白质高于营养标准。要调整粗蛋白质含量增加能量，就需要减少豆粕、增加玉米配比量；营养标准规定粗蛋白质需要量为19%，表中混合料可提供蛋白质20.59%，比标准高出1.59(20.59－19)；用玉米进行调整，则因为每千克玉米含蛋白质8.7%，每千克豆粕含蛋白质43%，则每增加1%的玉米，可调整蛋白质0.343(43%－8.7%)，调整比标准高出1.59的蛋白质，所增加玉米量为1.59÷0.343＝4.64，用等量玉米代替等量的豆粕，调整日粮配合比例(表4-28)。

表4-28 调整后营养成分计算结果 (兆焦/千克·%)

饲料种类	配比(%)	消化能	粗蛋白质	钙	磷	赖氨酸	蛋氨酸
玉 米	64.64	9.22	5.62	0.013	0.170	0.155	0.116
豆 粕	25.36	3.34	10.90	0.081	0.155	0.621	0.162
鱼 粉	3	0.38	1.81	0.121	0.087	0.142	0.049
麸 皮	4.2	0.39	0.66	0.007	0.046	0.024	0.005
骨 粉	1.5			0.45	0.188		
食 盐	0.3						
预混物	1						
合 计	100	13.33	18.99	0.67	0.65	0.94	0.33
饲养标准		13.60	19	0.64	0.54	1.16	0.30
与标准比较		－0.27	－0.01	＋0.03	＋0.11	－0.22	＋0.03

第五步，调整钙、磷需要量。从表中看出，与饲养标准相比钙、磷需要量基本合适。不需要再调整。

第六步，氨基酸配合。猪需要10种必需氨基酸，计算起来比较麻烦。有些氨基酸通过饲料可以满足需要。因此，在实际饲养中注意赖氨酸和蛋氨酸的需要量，从表 4-28 中看出，与饲养标准比较结果，本配方需要添加 0.22%的赖氨酸，才能达到猪的营养需要。

第七步，维生素和矿物质微量元素的需要量，一定要达到猪的饲养标准，否则会影响饲料利用率。因此，一般全价配合日粮中，不能同时考虑多项营养指标，如果饲料品种较多时，用此法较为复杂。

生产中常用此法进行简单的配合日粮、复合预混料，浓缩料的配制及饲料营养浓度的计算，仅举以上饲料分为三大类。

能量饲料：玉米、麸皮(次粉)；

蛋白质饲料：豆饼(粕)、棉籽饼(粕)、菜籽饼(粕)、鱼粉、肉骨粉等；

预混料：矿物质添加剂、维生素、氨基酸、促生长剂和载体合成。

预混料占配合料 2%。饲养标准规定食盐应占配合料的 0.3%，故食盐占预混料 15%(0.3%÷2%)，其余则占 85%。

首先减掉预混料的用料，标出 100－2＝98(千克)；配合料中(育肥猪料)粗蛋白质含量 14.3%(14/98×100)，然后，把能量饲料和蛋白质混合料各当做一种饲料，用方块法进行计算。

能量饲料(玉米 80%、麸皮 20%)含粗蛋白质 9.62%。

蛋白质饲料(豆粕 60%、菜籽饼 20%、棉籽饼 20%)含粗蛋白质 40.2%。

第一步，画一个正方形，在方块中央写上所配合饲料(育肥猪料)粗蛋白质%(14.3%)并与四角划上边线(图 4-1)。

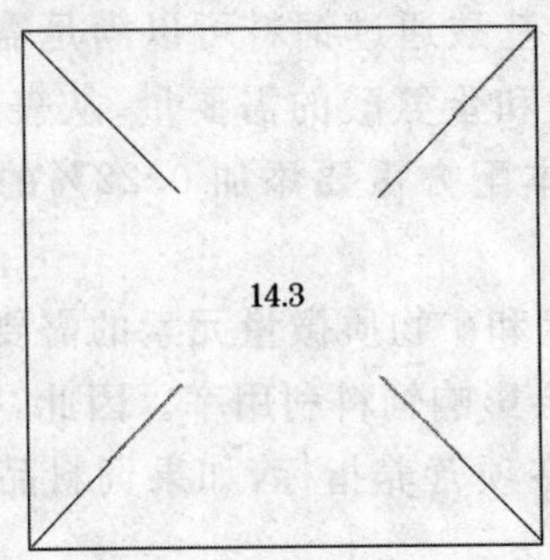

图 4-1　方块法第一步

第二步，在正方形的左上角、左下角分别写上能量混合饲料和蛋白质混合饲料粗蛋白质含量(图 4-2)。

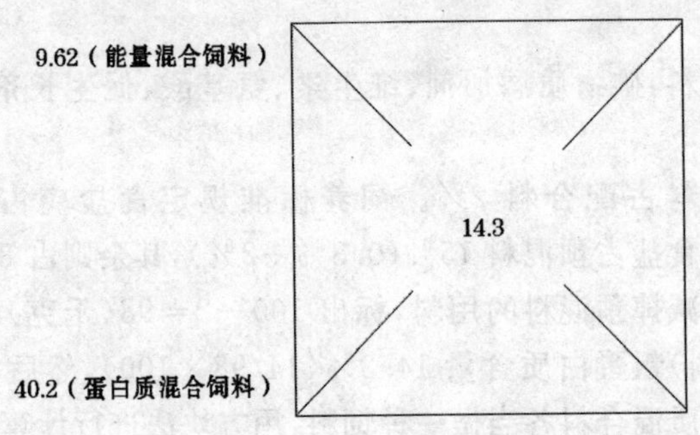

图 4-2　方块法第二步

第三步，做方块两个对角线进行计算(即从大数减去小数)，即 40.2－14.3＝25.9，14.3－9.62＝4.68，把结果分别写在正方形的右上角和右下角。这个结果分别为能量混合料和蛋白质混合饲料的份数(图 4-3)。

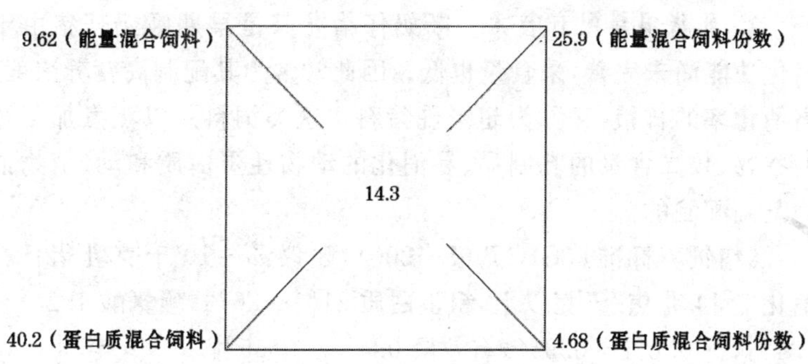

图 4-3　方块法第三步

第四步，把两个份数相加 25.9＋4.68＝30.58，此数为混合料的总份数。用它来作分母，分别求出能量混合料和蛋白质混合料的百分数。即育肥猪配合料中占的百分比，如下式：

25.9÷30.58＝84.69%（能量混合料百分比）

4.68÷30.58＝15.3%（蛋白质混合料百分比）

第五步，计算出各种饲料在配合饲料中的比例。

在 84.69%能量混合料中：

玉米 84.69%×80%＝67.75%

麸皮 84.69%×20%＝16.94%

在 15.3%蛋白质混合料中：

豆粕 15.3%×60%＝9.18%

棉籽粕 15.3%×20%＝3.06%

菜籽粕 15.3%×20%＝3.06%

在 2%预混料中：食盐占 0.3%，矿物质和维生素添加剂占 1.7%。

因此，育肥猪配合料配方为：

玉米 67%，麸皮 16%，豆粕 9%，棉籽粕 3%，菜籽粕 3%，预混料 2%（包括食盐、钙磷、维生素），合计 100%。消化能 13.39 兆焦/千克，粗蛋白质 14%。

2. 乳猪饲料配方技术　断奶仔猪尤其是早期断奶仔猪由于消化功能尚未完善，采食量也低。因此常常为其配制高营养浓度、高消化率的日粮，又称为超级乳猪料。这类饲料是以蒸煮加工过的谷物、较高含量的乳制品、易消化的动物性蛋白质和动、植物油为基础配制的。

《猪饲养标准》(GB/T 65—2004)建议：3～10 千克乳猪日粮消化能 14 兆焦/千克以上，粗蛋白质 21%～26%，赖氨酸 1.2%～1.4%，钙 0.8%～0.9%，有效磷 0.4%～0.55%。

3. 断奶仔猪饲料配方技术　断奶仔猪生长快，对饲料营养的需求相对较高。配制断奶仔猪日粮的关键是饲料消化率高、适口性好、抗营养因子低，而且应含有一定比例的优质动物蛋白，如优质鱼粉，乳清粉，添加 1%～3%的植物油，添加酸化剂、抗生素、酶制剂，以降低腹泻发生率。同时，添加合成氨基酸，使饲料的氨基酸含量能满足仔猪的需要，而饲料的蛋白质含量不至于太高，目前断奶仔猪饲料中多添加乳清粉、大豆蛋白、喷雾干燥血浆蛋白、喷雾干燥粉。

《猪饲养标准》(GB/T 65—2004)建议：断奶仔猪日粮消化能 14 兆焦/千克以上，粗蛋白质 19%～23%，赖氨酸 1%～1.2%，钙 0.7%左右，有效磷 0.32%左右。

4. 生长育肥猪饲料配方技术　生长育肥猪的经济效益主要是通过生长速度、饲料利用率和瘦肉率来体现的，因此，要根据生长育肥猪的营养需要配制合理的日粮，以最大限度地提高瘦肉率和肉料比。科学调制饲料可提高育肥猪的增重速度和饲料利用率，饲料调制原则是增强适口性，提高饲料转化效率。生长肥育猪一般是指体重 20～25 千克以上的猪。此阶段猪的生长速度快，消化吸收能力比较高。

为了获得最佳的生长肥育效果，不仅要满足蛋白质量的需求，还要考虑必需氨基酸之间的平衡和利用率。能量高使胴体品质降低，而适宜的蛋白质能够改善猪胴体品质，这就要求日粮具有适宜的能量蛋白比。由于猪是单胃杂食动物，对饲料粗纤维的利用率很有限，研究表明，猪日粮粗纤维不宜过高，生长肥育期应低于8%。猪在生长期为满足肌肉和骨骼的快速增长，要求能量、蛋白质、钙和磷的水平较高，日粮消化能13.4～14兆焦/千克、粗蛋白质16%～18%、钙0.55%～0.6%、有效磷0.2%～0.3%、赖氨酸0.8%左右。育肥期要控制能量采食，减少脂肪沉积，饲粮含消化能13.4～14兆焦/千克、粗蛋白质13%～15%、钙0.45%左右、有效磷0.2%左右、赖氨酸0.5%左右。

猪在生长育肥期的不同阶段，对饲粮能量和蛋白质的需要不同。因此，不能给生长育肥猪配制一种饲粮，至少要配制两种饲料。饲料配制可根据猪的生长速度、健康状况、环境温度等，参考现行饲养标准配制。

5. 后备种猪饲料配方技术 后备种猪不同于育肥猪，不追求高的生长速度，相反生长速度过快会降低后备种猪的种用价值。后备种猪要求健康、结实、器官和骨骼发育良好。后备种猪一般在25～30千克体重时应与育肥猪分开饲养。后备种猪营养需要的研究很少，一般的饲养标准也没有后备种猪的标准。但后备种母猪蛋白质和氨基酸的需要量要比育肥猪高很多。钙、磷、维生素的需要一般也高于育肥猪。后备种猪日粮的能量浓度应比育肥猪饲料低一些，后备种母猪日粮消化能13兆焦/千克左右。饲料中可以适当多配入一些含纤维高的粗饲料，如麦麸、啤酒糟、苜蓿草粉等，这样有助于减少消化道溃疡，降低能量浓度和饲料成本。

6. 妊娠母猪饲料配方技术 妊娠母猪繁殖器官和胎儿的生长在114天的妊娠期表现为前低后高的特点。妊娠前几周，仅母猪的子宫、胎衣重量增长和胎水增加。胎儿到第九周才有初生体重的8%，繁殖器官的增长很少，此阶段母猪的营养需要仅仅略高于维持需要。妊娠后半期，胎儿的生长速度明显加快，营养物质的沉积增加，特别是妊娠的后 1/3 时间。最后几周母猪乳腺中营养物质的沉积明显增加，营养需要也亦增加。

妊娠母猪的饲粮配制与育肥猪饲料的配制相似。由于母猪在妊娠期消化能力很强，相对于采食能力营养需要较低，完全可以利用一些廉价的粗饲料喂妊娠母猪。妊娠前期饲料的消化率不低于60%即可，妊娠后期饲料的消化率应稍高一些。妊娠母猪的饲料中应配入较高比例的粗饲料，一般可配入麦麸、米糠、草粉等粗饲料 15%～30%，这样母猪更有饱腹感，更安静，不易发生便秘，有利于防止消化道溃疡，降低成本。

《猪饲养标准》(GB/T 65—2004)建议：母猪妊娠前期日粮消化能 12.1～14 兆焦/千克，粗蛋白质 12%～13%，赖氨酸 0.4%～0.5%，钙 0.68%～0.75%，有效磷 0.32%左右。母猪妊娠后期日粮消化能 12.5～14 兆焦/千克，粗蛋白质 12%～14%，赖氨酸 0.5%～0.6%，钙 0.68%～0.75%，有效磷 0.32 左右。

7. 泌乳母猪饲料配方技术　泌乳母猪的饲粮配制应考虑以下因素：母猪的维持需要，母猪的泌乳需要，母猪的失重，母猪的采食量。母猪哺乳仔猪数多和仔猪增重快则需要母猪泌乳也多。如果母猪泌乳多，而采食量不足，或饲料营养浓度低，母猪泌乳失重增加。泌乳失重一般应控制在 10～15 千克，过多的泌乳失重影响下一胎的繁殖成绩。

泌乳母猪饲粮主要由精料组成，严格控制粗饲料的比例，一般小于 7%。能量饲料主要是玉米等谷物及副产品。蛋白质饲料以豆粕为主，棉粕、花生粕等杂粕的比例不能过高。建议在日粮中加入 3%～5%优质鱼粉，对提高泌乳量有益。在高温季节，母猪的采食量下降，导致养分摄入减少，应适当提高日粮养分浓度，可加入 2%～5%的油脂，并增加氨基酸的含量。

《猪饲养标准》(GB/T 65—2004)建议：泌乳母猪日粮消化能 13.8～14 兆焦/千克，粗蛋白质 16%～19%，赖氨酸 0.7%～

0.94%，钙0.77%左右，有效磷0.35%。

8. 种公猪饲料配方技术 种公猪的日粮要保证其性欲旺盛、体质结实、精液质量好、精液量足。日粮蛋白质的含量和质量对种公猪精液的影响明显，特别是日粮中的赖氨酸和蛋氨酸的水平。能量饲料主要是玉米等谷物及副产品。蛋白质饲料以豆粕为主，不可用棉籽粕、菜籽粕等杂粕。在种公猪日粮中配入一定比例的优质鱼粉对提高种公猪的繁殖力很有利，在种公猪饲料中配入3%～5%的优质苜蓿草粉对改善种公猪的繁殖性能，防止便秘及消化道溃疡有利。

种公猪日粮结构应以精饲料为主，饲粮结构根据配种负担而变动，配种期间的日粮中能量饲料和蛋白饲料占80%～90%，其他种类饲料占10%～20%。非配种期间能量蛋白质饲料应减少到70%～80%，其余可由青粗饲料来满足。

《猪饲养标准》(GB/T 65—2004)建议：公猪日粮消化能13～14兆焦/千克，粗蛋白质13%～13.5%，赖氨酸0.6%左右，钙0.7%～0.75%，有效磷0.35%左右。

(三)饲料添加剂的合理使用

饲料添加剂具有完善饲料的营养性，提高饲料利用率，促进动物生长和预防疾病，减少饲料贮存期间营养物质损失等作用。猪饲料添加剂种类很多，有用于补充营养素的添加剂，如氨基酸、矿物质微量元素、维生素等；有用于增强动物健康，促进动物生长或满足饲料加工等特殊要求的非营养性添加剂，如生长剂、抗氧化剂、防霉剂等。另外，在饲料中加有防治疾病的药物性饲料产品，称为饲料药物添加剂。

营养性饲料添加剂及一般饲料添加剂的审定、登记、生产、经营、使用和监管应符合《饲料和饲料添加剂管理条例》(中华人民共和国国务院令第609号，2011)，凡生产、经营和使用的添加剂均应属于《饲料添加剂品种目录》(农业部公告第1126号,2008)中规定的氨基酸、维生素、矿物元素及其络(螯)合物、酶制剂、微生物、抗氧化剂、防腐剂、防霉剂和酸度调节剂、调味剂和香料、黏结剂、抗结块剂和稳定剂、多糖和寡糖、甜菜碱、甜菜碱盐酸盐、大蒜素、山梨糖醇、大豆磷脂等添加剂,并列出其使用范围(表4-29)。《饲料添加剂安全使用规范》(农业部公告第1224号,2009)规定氨基酸、维生素、微量和常量矿物质元素饲料添加剂产品的来源、含量规格,及在配合饲料或全混合日粮中的推荐用量和最高限量。

饲料级氨基酸、维生素、微量矿物质、酶制剂等添加剂产品的包装袋上应有牢固清晰的标志,按《饲料标签标准》(GB 10648—2013)的规定执行。产品卫生指标需符合《饲料卫生标准》(GB 13078—2001)的要求,产品的包装应符合运输和贮存的要求。产品运输过程中应避光、防潮、防高温、防止包装破损,严禁与有毒有害物质混运,贮存在避光、阴凉、通风、干燥处。饲料级氨基酸、维生素、微量矿物质、酶制剂等添加剂产品标准中规定产品的要求、试验方法、检验规则及标签、包装、运输、贮存等,技术指标检测结果判定应符合《饲料检测结果判定的允许误差》(GB 18823—2010)。

表4-29　饲料添加剂品种目录

类　别	通用名称	适用范围
氨基酸	L-赖氨酸、L-赖氨酸盐酸盐、L-赖氨酸硫酸盐及其发酵副产物(产自谷氨酸棒杆菌,L-赖氨酸含量不低于51%)、DL-蛋氨酸、L-苏氨酸、L-色氨酸、L-精氨酸、甘氨酸、L-酪氨酸、L-丙氨酸、天(门)冬氨酸、L-亮氨酸、异亮氨酸、L-脯氨酸、苯丙氨酸、丝氨酸、L-半胱氨酸、L-组氨酸、缬氨酸、胱氨酸、牛磺酸	养殖动物
	蛋氨酸羟基类似物、蛋氨酸羟基类似物钙盐	猪、鸡和牛

续表 4-29

类 别	通用名称	适用范围
维生素	维生素 A、维生素 A 乙酸酯、维生素 A 棕榈酸酯、β-胡萝卜素、盐酸硫胺(维生素 B_1)、硝酸硫胺(维生素 B_1)、核黄素(维生素 B_2)、盐酸吡哆醇(维生素 B_6)、氰钴胺(维生素 B_{12})、L-抗坏血酸(维生素 C)、L-抗坏血酸钙、L-抗坏血酸钠、L-抗坏血酸-2-磷酸酯、L-抗坏血酸-6-棕榈酸酯、维生素 D_2、维生素 D_3、α-生育酚(维生素 E)、α-生育酚乙酸酯、亚硫酸氢钠甲萘醌(维生素 K_3)、二甲基嘧啶醇亚硫酸甲萘醌、亚硫酸氢烟酰胺甲萘醌、烟酸、烟酰胺、D-泛醇、D-泛酸钙、DL-泛酸钙、叶酸、D-生物素、氯化胆碱、肌醇、L-肉碱、L-肉碱盐酸盐	养殖动物
矿物质元素及其络(螯)合物	氯化钠、硫酸钠、磷酸二氢钠、磷酸氢二钠、磷酸二氢钾、磷酸氢二钾、轻质碳酸钙、氯化钙、磷酸氢钙、磷酸二氢钙、磷酸三钙、乳酸钙、硫酸镁、氧化镁、氯化镁、柠檬酸亚铁、富马酸亚铁、乳酸亚铁、硫酸亚铁、氯化亚铁、氯化铁、碳酸亚铁、氯化铜、硫酸铜、氧化锌、氯化锌、碳酸锌、硫酸锌、乙酸锌、氯化锰、氧化锰、硫酸锰、碳酸锰、磷酸氢锰、碘化钾、碘化钠、碘酸钾、碘酸钙、氯化钴、乙酸钴、硫酸钴、亚硒酸钠、钼酸钠、蛋氨酸铜络(螯)合物、蛋氨酸铁络(螯)合物、蛋氨酸锰络(螯)合物、蛋氨酸锌络(螯)合物、赖氨酸铜络(螯)合物、赖氨酸锌络(螯)合物、甘氨酸铜络(螯)合物、甘氨酸铁络(螯)合物、酵母铜、酵母铁、酵母锰、酵母硒、蛋白铜、蛋白铁、蛋白锌	养殖动物
	烟酸铬、酵母铬、蛋氨酸铬、吡啶甲酸铬	生长育肥猪
	丙酸铬	猪
	丙酸锌	猪、牛和家禽
	硫酸钾、三氧化二铁、碳酸钴、氧化铜	反刍动物
	稀土(铈和镧)壳糖胺螯合盐	畜禽、鱼和虾

续表 4-29

类　别	通用名称	适用范围
酶制剂	淀粉酶(产自黑曲霉、解淀粉芽孢杆菌、地衣芽孢杆菌、枯草芽孢杆菌、长柄木霉、米曲霉)	青贮玉米、玉米、玉米蛋白粉、豆粕、小麦、次粉、大麦、高粱、燕麦、豌豆、木薯、小米、大米
	支链淀粉酶(产自酸解支链淀粉芽孢杆菌)	
	α-半乳糖苷酶(产自黑曲霉)	豆　粕
	纤维素酶(产自长柄木霉)	玉米、大麦、小麦、麦麸、黑麦、高粱
	β-葡聚糖酶(产自黑曲霉、枯草芽孢杆菌、长柄木霉、绳状青霉)	小麦、大麦、菜籽粕、小麦副产物、去壳燕麦、黑麦、黑小麦、高粱
	葡萄糖氧化酶(产自特异青霉)	葡萄糖
	脂肪酶(产自黑曲霉)	动物或植物源性油脂或脂肪
	麦芽糖酶(产自枯草芽孢杆菌)	麦芽糖
	甘露聚糖酶(产自迟缓芽孢杆菌)	玉米、豆粕、椰子粕
	果胶酶(产自黑曲霉)	玉米、小麦
	植酸酶(产自黑曲霉、米曲霉)	玉米、豆粕、葵花籽粕、玉米糁渣、木薯、植物副产物
	蛋白酶(产自黑曲霉、米曲霉、枯草芽孢杆菌、长柄木霉*)	植物性和动物性蛋白质
	木聚糖酶(产自米曲霉、孤独腐质霉、长柄木霉、枯草芽孢杆菌、绳状青霉)	玉米、大麦、黑麦、小麦、高粱、黑小麦、燕麦

续表 4-29

类别	通用名称	适用范围
微生物	地衣芽孢杆菌、枯草芽孢杆菌、两歧双歧杆菌、粪肠球菌、屎肠球菌、乳酸肠球菌、嗜酸乳杆菌、干酪乳杆菌、乳酸乳杆菌、植物乳杆菌、乳酸片球菌、戊糖片球菌*、产朊假丝酵母、酿酒酵母、沼泽红假单胞菌	养殖动物
	保加利亚乳杆菌	猪、鸡和青贮、饲料
抗氧化剂	乙氧基喹啉、丁基羟基茴香醚(BHA)、二丁基羟基甲苯(BHT)、没食子酸丙酯	养殖动物
防腐剂、防霉剂和酸度调节剂	甲酸、甲酸铵、甲酸钙、乙酸、双乙酸钠、丙酸、丙酸铵、丙酸钠、丙酸钙、丁酸、丁酸钠、乳酸、苯甲酸、苯甲酸钠、山梨酸、山梨酸钠、山梨酸钾、富马酸、柠檬酸、柠檬酸钾、柠檬酸钠、柠檬酸钙、酒石酸、苹果酸、磷酸、氢氧化钠、碳酸氢钠、氯化钾、碳酸钠	养殖动物
调味剂和香料	糖精钠、谷氨酸钠、5′-肌苷酸二钠、5′-鸟苷酸二钠、食品用香料	养殖动物
黏结剂、抗结块剂和稳定剂	α-淀粉、三氧化二铝、可食脂肪酸钙盐、可食用脂肪酸单/双甘油酯、硅酸钙、硅铝酸钠、硫酸钙、硬脂酸钙、甘油脂肪酸酯、聚丙烯酸树脂Ⅱ、山梨醇酐单硬脂酸酯、聚氧乙烯20山梨醇酐单油酸酯、丙二醇、二氧化硅、卵磷脂、海藻酸钠、海藻酸钾、海藻酸铵、琼脂、瓜尔胶、阿拉伯树胶、黄原胶、甘露糖醇、木质素磺酸盐、羧甲基纤维素钠、聚丙烯酸钠*、山梨醇酐脂肪酸酯、蔗糖脂肪酸酯、焦磷酸二钠、单硬脂酸甘油酯	养殖动物
	丙三醇	猪、鸡和鱼
	硬脂酸	猪、牛和家禽
	低聚壳聚糖	猪、鸡和水产养殖动物
	半乳甘露寡糖	猪、肉鸡、兔和水产养殖动物
	果寡糖、甘露寡糖	养殖动物

续表 4-29

类　别	通用名称	适用范围
其他	甜菜碱、甜菜碱盐酸盐、大蒜素、山梨糖醇、大豆磷脂、天然类固醇萨洒皂角苷(源自丝兰)、二十二碳六烯酸(DHA)、啤酒酵母培养物、啤酒酵母提取物、啤酒酵母细胞壁*	养殖动物
	糖萜素(源自山茶籽饼)、牛至香酚	猪和家禽
	半胱胺盐酸盐(仅限于包被颗粒,包被主体材料为环状糊精,半胱胺盐酸盐含量 27%)	畜　禽

1. 常规饲料添加剂的合理使用　猪饲料常规饲料添加剂主要包括氨基酸、维生素和微量矿物质元素。

(1)氨基酸类饲料添加剂　氨基酸类添加剂多用于禽畜饲料,特别是在动物的幼小发育阶段,因其添加效果显著,价格较高,所以选购此类添加剂时应对产品的包装、外观、气味、颜色等仔细观察,进行鉴别和判断。首先,要掌握其有效含量和效价,在实际应用氨基酸类添加剂时,应先折算其有效含量和效价,以防止添加量过多和不足;其次,平衡利用防止拮抗。饲料添加的氨基酸一般为必需氨基酸,特别是第一和第二限制性氨基酸。动物对氨基酸的利用还有一个特性,即只有第一限制性氨基酸得到满足,第二和其他限制性氨基酸才能得到较好的利用,以此类推。如果第一限制性氨基酸只能满足需要量的 70%,第二和其他限制性氨基酸含量再高,也只能利用其需要量的 70%。因此,在饲料中应用氨基酸添加剂,应首先考虑第一限制性氨基酸,再依次考虑其他限制性氨基酸。猪的第一限制性氨基酸为赖氨酸,第二限制性氨基酸为蛋氨酸。

允许在猪饲料中使用的氨基酸类添加剂有 23 种,分别为 L-

赖氨酸，L-赖氨酸盐酸盐，L-赖氨酸硫酸盐及其发酵副产物（产自谷氨酸棒杆菌，L-赖氨酸含量不低于51%），DL-蛋氨酸，L-苏氨酸，L-色氨酸，L-精氨酸，甘氨酸，L-酪氨酸，L-丙氨酸，天(门)冬氨酸，L-亮氨酸，异亮氨酸，L-脯氨酸，苯丙氨酸，丝氨酸，L-半胱氨酸，L-组氨酸，缬氨酸，胱氨酸，牛磺酸，蛋氨酸羟基类似物，蛋氨酸羟基类似物钙盐，其来源、含量规格，及其在日粮中的推荐用量，见表4-30（饲料添加剂品种目录—农业部公告第1126号，2008；饲料添加剂安全使用规范—农业部公告第1224号，2009）。

(2)维生素类饲料添加剂　猪对维生素的需要量很少，但维生素对猪的生长发育却起着重要作用。如缺乏某一种维生素时，会引起代谢紊乱，影响生长发育，甚至诱发疾病。仔猪阶段缺乏维生素可导致仔猪生长受阻，母猪缺乏维生素则会引起不孕或流产等。

表4-30　氨基酸类饲料添加剂来源、含量规格及其在日粮中的用量

通用名称	来　源	含量规格(%)		在配合饲料或全混合日粮中的推荐用量(以氨基酸计)%
		以氨基酸盐计	以氨基酸计	
L-赖氨酸盐酸盐	发酵生产	≥98.5(以干基计)	≥78.0(以干基计)	0～0.5
L-赖氨酸硫酸盐及其发酵副产物	发酵生产(产自谷氨酸棒杆菌)	≥65.0(以干基计)	≥51.0(以干基计)	0～0.5
DL-蛋氨酸	化学制备	—	≥98.5(以干基计)	0～0.2
L-苏氨酸	发酵生产	—	≥97.5(以干基计)	0～0.3
L-色氨酸	发酵生产	—	≥98.0	0～0.1

续表 4-30

通用名称	来　源	含量规格(%)		在配合饲料或全混合日粮中的推荐用量(以氨基酸计)%
		以氨基酸盐计	以氨基酸计	
蛋氨酸羟基类似物	化学制备	—	≥88.0(以蛋氨酸羟基类似物计)	0～0.11(以蛋氨酸羟基类似物计)
蛋氨酸羟基类似物钙盐	化学制备	≥95.0(以干基计)	≥84.0(以蛋氨酸羟基类似物计,干基)	

资料来源:饲料添加剂安全使用规范(农业部公告第 1224 号,2009)

饲料中添加维生素时需准确把握畜禽对维生素的需要量,了解各种维生素的理化特性,防止各营养成分之间相互拮抗。如矿物元素铜与维生素 B_1 和维生素 C,抗球虫药物与维生素 B_2,有机酸防腐剂与多种维生素之间均应避免配伍禁忌。氯化胆碱有较强的吸湿性,特别是与微量元素铁、铜、锰共存时,会影响氯化胆碱的生物效价。饲料中添加的维生素要与其他饲料充分混合均匀,并应采取逐级混匀的方法。保证维生素产品的质量,并应贮存在干燥、密闭和低温的环境中,一般要求在 1 个月内用完,不宜超过 6 个月。

允许在猪饲料中使用的维生素类添加剂有 31 种,分别为维生素 A、维生素 A 乙酸酯、维生素 A 棕榈酸酯、β-胡萝卜素、盐酸硫胺(维生素 B_1)、硝酸硫胺(维生素 B_1)、核黄素(维生素 B_2)、盐酸吡哆醇(维生素 B_6)、氰钴胺(维生素 B_{12})、L-抗坏血酸(维生素 C)、L-抗坏血酸钙、L-抗坏血酸钠、L-抗坏血酸-2-磷酸酯、L-抗坏血酸-6-棕榈酸酯、维生素 D_2、维生素 D_3、α-生育酚(维生素 E)、α-生育酚乙酸酯、亚硫酸氢钠甲萘醌(维生素 K_3)、二甲基嘧啶醇亚硫酸甲萘醌、亚硫酸氢烟酰胺甲萘醌、烟酸、烟酰胺、D-泛醇、D-泛酸钙、DL-泛酸钙、叶酸、D-生物素、氯化胆碱、肌醇、L-肉碱、L-肉碱盐酸盐。其来源、含量规格及其在日粮中的推荐用量，见表 4-31（饲料添加剂品种目录—农业部公告第 1126 号，2008；饲料添加剂安全使用规范—农业部公告第 1224 号，2009）。

表 4-31　维生素类饲料添加剂来源、含量规格及其在日粮中的用量

通用名称	来　源	含量规格(%)		在配合饲料或全混合日粮中的推荐用量(以氨基酸计)
		以化合物计	以维生素计	
维生素 A 乙酸酯	化学制备	—	粉剂≥5.0×10^5单位/克 油剂≥2.5×10^6单位/克	1300～4000 单位/千克
维生素 A 棕榈酸酯	化学制备	—	粉剂≥2.5×10^5单位/克 油剂≥1.7×10^6单位/克	
盐酸硫胺(维生素 B_1)	化学制备	98.5%～101.0%(以干基计)	87.8%～90.0%(以干基计)	1～5 毫克/千克
硝酸硫胺(维生素 B_1)	化学制备	98.0%～101.0%(以干基计)	90.1%～92.8%(以干基计)	
核黄素(维生素 B_2)	化学制备或发酵生产	—	98.0%～102.0%(以干基计)	2～8 毫克/千克
盐酸吡哆醇(维生素 B_6)	化学制备	98.0%～101.0%(以干基计)	80.7%～83.1%(以干基计)	1～3 毫克/千克
氰钴胺(维生素 B_{12})	发酵生产	—	≥96.0(以干基计)	5～33 微克/千克

续表 4-31

通用名称	来　源	含量规格(%)		在配合饲料或全混合日粮中的推荐用量(以氨基酸计)
		以化合物计	以维生素计	
L-抗坏血酸(维生素 C)	化学制备或发酵生产	—	99.0%～101.0%	150～300 毫克/千克
L-抗坏血酸钙	化学制备	≥98.0%	≥80.5%	
L-抗坏血酸钠	化学制备或发酵生产	≥98.0%	≥87.1%	
L-抗坏血酸-2-磷酸酯	化学制备	—	≥35.0%	
L-抗坏血酸-6-棕榈酸酯	化学制备	≥95.0%	≥40.3%	
维生素 D_2	化学制备	≥97.0%	4.0×10^7 单位/克	150～500 单位/千克
维生素 D_3	化学制备或提取	—	油剂≥1.0×10^6 单位/克 粉剂≥5.0×10^5 单位/克	150～500 单位/千克
DL-α-生育酚乙酸酯(维生素 E)	化学制备	油剂≥92.0% 粉剂≥50.0%	油剂≥920 单位/克 粉剂≥500 单位/克	10～100 单位/千克
亚硫酸氢钠甲萘醌	化学制备	≥96.0% ≥98.0%	≥50.0% ≥51.0% (以甲萘醌计)	0.5 毫克/千克(以甲萘醌计)
二甲基嘧啶醇亚硫酸甲萘醌	化学制备	≥96.0%	≥44.0% (以甲萘醌计)	
亚硫酸氢烟酰胺甲萘醌	化学制备	≥96.0%	≥43.7% (以甲萘醌计)	
烟　酸	化学制备	—	99.0%～100.5% (以干基计)	仔猪 20～40 毫克/千克 生长肥育猪 20～30 毫克/千克
烟酰胺	化学制备	—	≥99.0%	

续表 4-31

<table>
<tr><th rowspan="2">通用名称</th><th rowspan="2">来 源</th><th colspan="2">含量规格(%)</th><th rowspan="2">在配合饲料或全混合日粮中的推荐用量(以氨基酸计)</th></tr>
<tr><th>以化合物计</th><th>以维生素计</th></tr>
<tr><td>D-泛酸钙</td><td>化学制备</td><td>98.0%~101.0%
(以干基计)</td><td>90.2%~92.9%
(以干基计)</td><td>仔猪 10~15 毫克/千克
生长肥育猪 10~15 毫克/千克</td></tr>
<tr><td>DL-泛酸钙</td><td>化学制备</td><td>≥99.0%</td><td>≥45.5%</td><td>仔猪 20~30 毫克/千克
生长肥育猪 20~30 毫克/千克</td></tr>
<tr><td>叶 酸</td><td>化学制备</td><td>—</td><td>95.0%~102.0%
(以干基计)</td><td>仔猪 0.6~0.7 毫克/千克
生长肥育猪 0.3~0.6 毫克/千克</td></tr>
<tr><td>D-生物素</td><td>化学制备</td><td>—</td><td>≥97.5%</td><td>0.2~0.5 克/千克</td></tr>
<tr><td>氯化胆碱</td><td>化学制备</td><td>水剂≥70.0%或≥75.0%
粉剂≥50.0%或≥60.0%
(粉剂以干基计)</td><td>水剂≥52.0%或≥55.0%
粉剂≥37.0%或≥44.0%
(粉剂以干基计)</td><td>200~1300 毫克/千克</td></tr>
<tr><td>L-肉碱</td><td>化学制备或发酵生产</td><td>—</td><td>97.0%~103.0%
(以干基计)</td><td rowspan="2">30~50 克/千克
(乳猪 300~500 毫克/千克)</td></tr>
<tr><td>L-肉碱盐酸盐</td><td>化学制备或发酵生产</td><td>97.0%~103.0%
(以干基计)</td><td>79.0%~83.8%
(以干基计)</td></tr>
</table>

注:饲料中维生素 D_3 不能与维生素 D_2 同时使用

资料来源:饲料添加剂安全使用规范(农业部公告第 1224 号,2009)

饲料级维生素产品的标签应按《饲料标签标准》(GB 10648—2013)执行，产品内包装采用铝箔聚乙烯袋、聚乙烯薄膜进行包装，外包装使用纸箱、纸桶或聚丙烯塑料桶包装进行避光、密封、防潮包装，运输过程中应避光、防潮、防高温、防止包装破损，严禁与有毒有害物质混运，应贮存在避光、阴凉、通风、干燥处。产品保质期24～36个月，开封后应尽快用完。

饲料级维生素预混料是以一种或多种饲料级维生素为原料，用载体或稀释剂适当稀释配制而成。维生素预混料中维生素A和维生素E应分别为标示量的90%～120%，外观色泽均匀，无发霉变质、结块及异味异臭，应100%通过孔径2毫米的标准筛，95%通过孔径为1毫米的标准筛，干燥失重≤6%，混合均匀度≤7%[《饲料添加剂　维生素预混料通则》(YY 0037—1991)]。

(3)*矿物质类饲料添加剂*　微量元素是形成骨骼、肌肉、器官，促进生长发育最重要的物质，主要功能在于促进消化及生物有机合成，如铁对氧化、铜对活性酶、碘对甲状腺激素等的促进作用，对猪的生产发育非常有利。

允许在猪饲料中添加的矿物质添加剂有49种，分别为柠檬酸亚铁、富马酸亚铁、乳酸亚铁、硫酸亚铁、氯化亚铁、氯化铁、碳酸亚铁、氯化铜、硫酸铜、氧化锌、氯化锌、碳酸锌、硫酸锌、乙酸锌、氯化锰、氧化锰、硫酸锰、碳酸锰、磷酸氢锰、碘化钾、碘化钠、碘酸钾、碘酸钙、氯化钴、乙酸钴、硫酸钴、亚硒酸钠、钼酸钠、蛋氨酸铜络(螯)合物、蛋氨酸铁络(螯)合物、蛋氨酸锰络(螯)合物、蛋氨酸锌络(螯)合物、赖氨酸铜络(螯)合物、赖氨酸锌络(螯)合物、甘氨酸铜络(螯)合物、甘氨酸铁络(螯)合物、酵母铜、酵母铁、酵母锰、酵母硒、蛋白铜、蛋白铁、蛋白锌、丙酸锌、丙酸铬，只在生长育肥猪阶段日粮中添加的有烟酸铬、酵母铬、蛋氨酸铬、吡啶甲酸铬。49种微量矿物质的来源、含量规格及其在日粮中的推荐用量，见表4-32。

表 4-32 微量矿物质类饲料添加剂来源、含量规格及其在日粮中的用量

化合物名称	来源	含量规格(%)		在配合饲料或全混合日粮中的推荐用量(以元素计)(毫克/千克)	在配合饲料或全混合日粮中的最高限量(以元素计)(毫克/千克)
		以化合物计	以元素计		
一水硫酸亚铁 七水硫酸亚铁	化学制备	≥91.0 ≥98.0	≥30.0 ≥19.7	40～100	仔猪(断奶前)250 毫克/头·日
富马酸亚铁	化学制备	≥93.0	≥29.3		
柠檬酸亚铁	化学制备	—	≥16.5		
乳酸亚铁	化学制备 发酵生产	≥97.0	≥18.9		
一水硫酸铜 五水硫酸铜	化学制备	≥98.5 ≥98.5	≥35.7 ≥25.0	3～6	仔猪(≤30 千克)200;生长肥育猪(30～60 千克)150;生长育肥猪(≥60 千克)35;种猪 35
碱式氯化铜	化学制备	≥98.0	≥58.1	2.6～5.0	仔猪(≤30 千克)200;生长育肥猪(30～60 千克)150;生长育肥猪(≥60 千克)35;种猪 35
一水硫酸锌 七水硫酸锌	化学制备	≥94.7 ≥97.3	≥34.5 ≥22.0	40～110	代乳料 200 仔猪断奶后前 2 周配合饲料中氧化锌形式的锌的添加量不超过 2250 毫克/千克
氧化锌	化学制备	≥95.0	≥76.3	43～120	
蛋氨酸锌络(螯)合物	化学制备	≥90.0 —	≥17.2 ≥19.0	42～116	

续表 4-32

化合物名称	来 源	含量规格(%)		在配合饲料或全混合日粮中的推荐用量(以元素计)(毫克/千克)	在配合饲料或全混合日粮中的最高限量(以元素计)(毫克/千克)
		以化合物计	以元素计		
硫酸锰	化学制备	≥98.0	≥31.8	2～20	150
氧化锰	化学制备	≥99.0	≥76.6		
氯化锰	化学制备	≥98.0	≥27.2		
碘化钾	化学制备	≥98.0	≥74.9	0.14	10
碘酸钾	化学制备	≥99.0	≥58.7		
碘酸钙	化学制备	≥95.0	≥61.8		
亚硒酸钠	化学制备	≥98.0	≥44.7	0.1～0.3	0.5
酵母硒	发酵生产	—	有机硒含量≥0.1		
烟酸铬	化学制备	≥98.0	≥12.0	生长育肥猪 0～0.2	0.2
吡啶甲酸铬	化学制备	≥98.0	12.2～12.4		

2. 微生物添加剂的合理使用 微生物饲料添加剂是指允许在饲料中添加或直接饲喂给动物的微生物制剂，参与调节胃肠道内生态平衡或刺激特异性免疫功能、具有促进动物健康或促进动物生长，或提高饲料转化效率等，具有这些功能的菌株称为功能菌。

饲料添加剂品种目录(中华人民共和国农业部公告第 1126 号，2008)明确规定可以在猪饲料中添加的微生物添加剂共有 16 类，如地衣芽孢杆菌、枯草芽孢杆菌、双歧杆菌、粪肠球菌、屎肠球菌、乳酸肠球菌、嗜酸乳杆菌、干酪乳杆菌、乳酸乳杆菌、植物乳杆菌、乳酸片球菌、戊糖片球菌、产朊假丝酵母、酿酒酵母、沼泽红假单胞菌、保加利亚乳杆菌。在实际生产应用中，多以复合菌的形式使用，复合菌属微生物添加剂通常由芽孢杆菌与乳酸杆菌联合组成或乳酸杆菌属与酵母联合组成，具有很好的协同作用和更好的使用效果。其中地衣芽孢杆菌制定了行业标准(NY/T 1461)，规定了微生物饲料添加剂地衣芽孢杆菌产品的要求、试验方法、检验规则、标签、包装、运输、贮存和保质期。

3. 酶制剂的合理使用 首先要慎重科学地选用酶制剂产品，最好选用一些信誉好、被人们广泛认可的产品，目前使用效果最为确定的当属植酸酶；其次，要根据动物种类和不同生长阶段应用，才能有效地发挥和提高酶制剂的作用效果，一般情况下，仔猪阶段消化系统的发育尚不完善，多种消化酶都分泌不足，是使用酶制剂较理想的阶段；还要注意结合饲料中原料情况应用酶制剂，如饲料配方以玉米—豆粕型为主的，最好应用以木聚糖酶、果胶酶和β-葡聚糖酶为主的酶制剂，较多使用小麦、大麦和米糠等原料的，应选用以木聚糖酶和β-葡聚糖为主的酶制剂，饲料中稻谷粉、米糠和麦麸等含量较多时应选用β-葡聚糖酶、纤维素酶为主的酶制剂。而饲料中较多使用菜籽粕、葵花籽粕等蛋白含量较高的原料时，最好选用以纤维素酶、蛋白酶和乙型甘露聚糖酶为主的酶制剂。最后，需要注意酶制剂与其他添加剂的相互影响，适当添加一些氧化钴、硫酸锰和硫酸铜等盐类，可提高酶制剂的作用效果，酶制剂也可以与抗生素类添加剂同时使用，但酶制剂对热、光、酸等因素较敏感，使用中应特别注意。

饲料添加剂品种目录(中华人民共和国农业部公告第1126号，2008)明确规定可以在猪饲料中添加的微生物添加剂共有13类，如支链淀粉酶(产自酸解支链淀粉芽孢杆菌)、淀粉酶(产自黑曲霉、酸解淀粉芽孢杆菌、地衣芽孢杆菌、枯草芽孢杆菌、长柄木霉、米曲霉)、α-半乳糖苷酶(产自黑曲霉)、纤维素酶(产自长柄木霉)、β-葡聚糖酶(产自黑曲霉、枯草芽孢杆菌、长柄木霉、绳状青霉)、葡萄糖氧化酶(产自特异青霉)、脂肪酶(产自黑曲霉)、果胶酶(产自黑曲霉)、露聚糖酶(产自迟缓芽孢杆菌)、甘麦芽糖酶(产自枯草芽孢杆菌)、植酸酶(产自黑曲霉、米曲霉)、蛋白酶(产自黑曲霉、米曲霉、枯草芽孢杆菌、长柄木霉)、木聚糖酶(产自米曲霉、孤独腐质霉、长柄木霉、枯草芽孢杆菌、绳状青霉)。其中,淀粉酶、纤维素酶、葡萄糖氧化酶、脂肪酶、蛋白酶(GB/T 24401—2009、QB/T 2583—2003、DB13/T 1444—2001、GB/T 23535—2009、GB/T 23527—2009)制定了企业标准、地方标准或国家标准。

4. 酸化剂的合理使用　酸化剂是指能提高饲料酸度,通过与饲料或水结合,动物食用后,能改善其消化道环境以满足营养需要及疾病预防的需要。酸化剂主要包括单一酸化剂和复合酸化剂,单一酸化剂分为有机酸和无机酸。目前使用的无机酸化剂主要包括盐酸、硫酸和磷酸,其中以磷酸居多。有机酸化剂主要有柠檬酸、延胡索酸、乳酸、丙酸、苹果酸、山梨酸、甲酸、乙酸等。复合酸化剂是将两种或以上的单一酸化剂按照一定的比例复合而成,复合酸化剂可以是几种酸配合在一起使用,也可以是酸和盐类复配而成。

目前,酸化剂在使用过程中存在的问题为使用效果不是很稳定。影响酸化剂使用效果的因素有很多,主要为酸化剂的种类和添加量。此外,日粮的类型、猪龄和体重、饲养环境也会影响酸化剂的使用效果。

5. 抗氧化剂的合理使用　抗氧化剂是为防止或延缓猪饲料中某些活性成分发生氧化变质而添加的一类添加剂,可防止饲料营养价值降低。饲料添加剂品种目录(中华人民共和国农业部公告第1126号,2008)明确规定可在猪饲料中添加的抗氧化剂共有4类,分别为乙氧基喹啉、丁基羟基茴香醚(BHA)、二丁基羟基甲苯(BHT)、没食子酸丙酯,均颁布了国家标准,国标号分别为 HG 3694(饲料添加剂乙氧基喹啉)、GB 1916(食品添加剂叔丁基-4-羟基茴香醚)、GB 1900(食品添加剂二丁基羟基甲苯)、GB/T 26441(饲料添加剂没食子酸丙酯)。标准规定了抗氧化剂的要求、试验方法、检验规则、标签、包装、运输、贮存和保质期。

6. 调味剂的合理使用 饲料调味剂按其原料来源分为天然调味剂、非天然调味剂和复合调味剂;按其功能分为甜味剂、香味剂和酸味剂。添加于饲料中用于改善饲料的风味和适口性,增强动物食欲。饲料添加剂品种目录(中华人民共和国农业部公告第1126 号,2008)明确规定可在猪饲料中添加的调味剂共有 4 类,分别为糖精钠、谷氨酸钠、5′-肌苷酸二钠、5′-鸟苷酸二钠。

GB/T 21543 规定了饲料添加剂调味剂及相关的术语和定义、分类、要求、检验方法、检验规则、标签、包装、运输和贮存。饲料添加剂调味剂固体型为粉末或颗粒状,形态均一,无结块、无霉变,固体剂型应标示主要有效成分及其含量、水分;液体型应均匀,无沉淀,液体剂型应标示主要有效成分及其含量。产品卫生指标应符合表 4-33。

表 4-33 饲料添加剂调味剂的卫生指标

项目	指标
砷(毫克/千克)	≤3.0
铅(毫克/千克)	≤10.0
汞(毫克/千克)	≤0.1
镉(毫克/千克)	≤0.5
沙门氏菌	不得检出
霉菌总数(个/千克)	$<2\times10^7$
细菌总数(个/千克)	$<2\times10^9$

7. 黏结剂、抗结块剂和稳定剂 饲料添加剂品种目录（中华人民共和国农业部公告第1126号，2008）明确规定可在猪饲料中添加的黏结剂、抗结块剂和稳定剂共有32类，分别为α-淀粉、三氧化二铝、可食用脂肪酸钙盐、可食用脂肪酸单/双甘油酯、硅酸钙、硅铝酸钠、硫酸钙、硬脂酸钙、甘油脂肪酸酯、聚丙烯酸树脂Ⅱ、山梨醇酐单硬脂酸酯、聚氧乙烯20山梨醇酐单油酸酯、丙二醇、二氧化硅、卵磷脂、海藻酸钠、海藻酸钾、海藻酸铵、琼脂、瓜尔胶、阿拉伯树胶、黄原胶、甘露糖醇、木质素磺酸盐、羧甲基纤维素钠、聚丙烯酸钠、山梨醇酐脂肪酸酯、蔗糖脂肪酸酯、焦磷酸二钠、单硬脂酸甘油酯、丙三醇、硬脂酸。

8. 其他饲料添加剂 饲料添加剂品种目录（中华人民共和国农业部公告第1126号，2008）明确规定可在猪饲料中添加的多糖和寡糖共有4类，分别为果寡糖、甘露寡糖、半乳甘露寡糖、低聚壳聚糖。寡聚糖作为一种绿色饲料添加剂，具有无毒、无副作用，能提高机体的抗病力和免疫力，降低发病率，减少抗生素的使用，提高饲料利用率和生产性能等作用。

饲料中允许添加的添加剂还有甜菜碱、甜菜碱盐酸盐、大蒜素、山梨糖醇、大豆磷脂、天然固醇萨洒皂角苷（源自丝兰）、二十二碳六烯酸（DHA）、啤酒酵母培养物、啤酒酵母提取物、啤酒酵母细胞壁、糖萜素（源自山茶籽饼）、牛至香酚、半胱胺盐酸盐等。

第五章 生猪标准化饲养管理

一、种公猪的饲养管理

(一)饲 养

1. 营养 种公猪饲料营养水平及饲喂方式对其性欲、精液品质影响极大。成年种公猪每次射精量为300～500毫升,大大高于其他家畜;种公猪每次交配时间在5～10分钟,长的15～20分钟,高于其他家畜,体力消耗大;种公猪精液由精子和精清两部分组成,精液中干物质占2%～3%,其中蛋白质为60%左右,精液中同时含有矿物质和维生素。种公猪的日粮应合理搭配,营养均衡,适口性好,易消化,提供优质蛋白保持较高的能量,钙磷含量充沛、比例适宜,同时满足其维生素A、维生素D、维生素E及微量元素锌等的需要,这样才能保证种公猪有旺盛的性欲和良好的精液品质。如日粮中缺乏维生素、锌等微量元素,易使精液品质降低,影响配种和受胎率,会使种公猪睾丸逐渐退化萎缩,性欲减退,甚至丧失繁殖能力。

2. 喂量 应根据种公猪年龄、体重、使用频率、舍内温度等灵活掌握喂量,在满足种公猪营养需要的前提下,要对其采取限制饲喂,定时定量,每顿不能吃得过饱,要求日粮容积不能太大。否则,易上膘造成腹围增大,同时还易养成挑食的习惯,造成饲料浪费;更重要的是更容易引起体质虚弱和肢蹄病,生殖功能衰退,严重时会完全丧失生殖能力。若喂量过少,特别是冬季气温低,种公猪采食的营养大部分转化成热能用于自身御寒,从而造成精液品质下降。正常情况下,配种期间成年种公猪的日粮为2～2.5千克/头,非配种期间日粮为1.5千克/头左右,青年种公猪可增加日粮给量10%～20%。每日饲喂次数为2～3次,使用干粉料或生湿料均可,要保证有充足的饮水。通过饲喂量控制体重的增长,每15～30天称重1次,随时了解体重变化,以便调整日粮营养水平或喂量,保持良好的种用体况。国外试验人工采精公猪,缩短利用年限,收集公猪最佳时段精液,采精期间实行自由采食,1～2年淘汰公猪。

(二)管　理

1. 环境　种公猪舍保持干燥、通风、清洁,种公猪舍适宜温度为18℃～20℃。夏季高温时要防暑降温,高温易导致种公猪食欲下降、性欲降低,重者精液品质下降,形成一过性或永久性不育,甚至会中暑死亡。冬季猪舍还应注意防寒保温,以减少饲料的消耗和疾病发生。

2. 单圈饲养　每间猪舍面积为6～7.5米^2,预防公猪咬斗事故和公猪自淫现象的发生。成年种公猪不要与母猪同舍饲养,公猪圈墙要高而坚固,栏门严密结实,可防止跳栏,也可防止发情母猪逗引和其他种猪配种对其干扰,使种公猪安静休息,正常采食。在出圈运动和配种时要防止两公猪圈外相遇,尽量减少种公猪咬斗事故的发生,以利配种繁殖工作。

3. 规范管理　人猪亲和,建立良好的生活规律,切忌对种公猪鞭打等粗暴行为,导致种公猪发怒伤人。根据季节和工作需求制订日饲养管理规程,安排好种公猪的饲喂、饮水、运动、休息等,使种公猪养成良好的生活规律与条件反射,保持良好的体况,提高生产性能与利用年限。每日用硬毛刷或竹扫帚对猪身体刷拭1～2次,去除体表污物,防止皮肤病和体外寄生虫病。刷拭皮肤,可促进血液循环,促进新陈代谢。刷拭能使种公猪性情温驯,便于采精和防疫注射与管理等。炎热夏天，每日可让种公猪在浅水池洗浴 1～2 次或用水喷淋降温 1 次；切忌高温时间或配种后用地下水冲洗公猪，造成应激伤害。

4. 运动 每日 2～4 千米驱赶运动可以增进公猪食欲，增强体质，改善繁殖功能。在非配种季节要加强运动，配种季适当运动。一般上下午各运动 1 次，每次 1 小时，速度不可太快。有条件的可结合放牧运动，夏天在早晚凉爽时间，冬春季节宜在 10～15 时温暖时段进行，严寒、雪天或酷热天气应控制运动。

5. 肢体护理 通过营养和圈舍维护保护好公猪的肢蹄，对不良的蹄形进行修蹄，防止爬跨配种时划伤母猪。若发现蹄裂，应及时治疗加强护理，改善圈面，补充生物素等。

6. 调教 注意安全，严禁恫吓、打骂等粗暴方式对待公猪。加强对后备公猪的早期配种调教。调教应在固定、平坦的场地，早晚空腹进行，每次 10～15 分钟为宜。个别公猪有时会产生一些异常性行为，如自淫，爬跨后又爬下，然后就坐在地上射精。对于自淫的公猪给予定期交配或采精，在交配时给予人工辅助，或保证每天运动可得到纠正，若经反复调教得不到纠正者，应予淘汰。

①熟悉配种圈。如果采用在配种圈自然交配的形式，宜使年轻公猪在回避母猪的条件下事先单身熟悉配种圈多次。在自然交配时都需要有配种员看护，以确认公猪阴茎插入母猪阴道而不是直肠。

②母猪选择。选用体格较小、产过多胎、站立稳定(呆立反射好)、无攻击性的母猪。有些母猪在交配时具有攻击性会咬伤年轻体小的公猪，年轻公猪应尽量避免与攻击性母猪匹配，以免影响性欲。

③调教时间。要在早、晚空腹时进行，每次调教时间 15～20 分钟。在调教过程中，要耐心细致训练，不可用粗暴的态度对待后备公猪，调教尽可能在固定的地点进行。为防止交配进行时滑倒损伤肢蹄，地面应保持平坦、防滑。

(三)种公猪的使用

1. 使用年龄 过早使用会影响种公猪本身的生长发育、缩短利用年限,同时造成其后代头数减少,体质差,生长发育不理想。过晚配种会引起公猪性欲减退,影响正常配种,甚至失去配种能力,且优秀公猪不能及时利用。根据品种不同初配年龄的掌握后备公猪在7～10月龄、体重达相应标准时,经调教后方可参加配种。我国地方猪种性成熟早于国外引进品种和培育品种,初配年龄为6～8月龄,体重60千克以上;引进品种和培育品种以8～10月龄,体重90千克以上为宜。

2. 配种时间 在气温高的夏季,配种应在早、晚凉爽时进行,寒冷季节宜在气温较高时进行;喂饱后不能立即配种,配种后不能立即赶公猪下水洗澡或卧在潮湿的地方。

3. 使用频率 种公猪精液品质的好坏,不仅同饲养管理、疾病有关,而且也决定于种公猪的使用是否适当和合理。公猪长期休养而不使用,往往使睾丸产生精子的能力降低,甚至产生畸形或死亡精子。青年公猪每日1次,3～5天休息1天;2岁以上的种公猪,每天不能超过2次,间隔4～6小时,5～7天后休息1天。对性欲特别强的公猪,要防止自淫现象。

4. 有下列情况者应及时淘汰 ①性欲差,经药物治疗和加强饲养管理等措施仍无改善的公猪;②睾丸发生器质性病变;③精液质量经1～2个月连续4次以上检查仍为无精、死精或精子活力低于0.5,精子浓度为0.8亿个/毫升以下,精子畸形率18%以上,每次采精量都低于100毫升;④配种返情率很高,受胎率低,与配母猪产仔数少;⑤肢蹄病影响配种或采精失去使用价值;⑥患遗传疾病的;⑦体质过瘦、过肥或发生普通疾病治疗2个疗程未康复,因病长期不能配种;⑧有严重恶癖、虐待狂、攻击人等;⑨年龄超过3.5岁、育种场有优秀后代替代的公猪;⑩后备公猪超过

10～12 月龄，经训练、治疗仍无法使用。

二、母猪的饲养管理

(一)母猪饲养管理要点

1. 合理结构 建立并保持合理结构的母猪群体是实现猪场优质、高产、高效的一项基本措施。较合理的母猪群体结构为一胎 15%～18%，二胎 15%～18%，三胎 15%，四胎 13%，五胎 12%，六胎 11%，七胎 10%，八胎 8%。猪场均衡生产，有计划选留优良的后备母猪，逐渐更新猪群，使猪群的质量不断提高，选留的后备母猪应符合选种计划规定的品种或杂交组合。

2. 准确记录测定性状 根据《全国种猪遗传评估方案》要求，进行性能测定的性状指标共有 15 项，其中繁殖性状有总产仔数、活产仔数等；生长发育性状有到 100 千克体重的日龄、100 千克体重的活体背膘厚、眼肌面积(厚度)等；育肥及胴体性状有饲料利用率、屠宰率、瘦肉率等；仔猪出生时除按全国统一耳号编制方法进行剪耳号外，繁殖成绩必须将所有仔猪个体的出生重、乳头数、断奶重等完整记录，以备进行后代生长测定时的仔猪初选。一般种猪群年更新比例都在 30%左右，通常是在 2～5 胎的原种群中挑选。为了加快世代更替，提高选育进展水平，可采取头胎留种，争取一年一个世代。

(二)后备母猪的饲养管理

1. 培育目标 使其充分生长发育，具备足够的肌肉和脂肪，结实完整的骨骼，健康的体格，发育完善的生殖系统，拥有良好的生殖能力。

2. 存在问题 为了追求获得更多的瘦肉，现代母猪与其祖先比较背膘不断的变薄；能量储备能力下降，产仔后背膘储备消耗快

（繁殖母猪生产指标低的重要原因）；抗应激能力下降；饲养和培育难度增加；发情特征等性活动表现不明显；淘汰率不断上升。

3. 母猪基础营养储备能力是影响繁殖性能的关键　现代瘦肉型种猪瘦肉率大幅提高，背膘厚度大幅降低，在一定范围内，脂肪储备与繁殖能力有很强的相关关系。配种时背膘厚度在16～20毫米，母猪繁殖能力表现最佳，淘汰率下降，使用年限延长。Gueblez等（1985）发现，配种时的背膘厚度与其使用年限具有很强的相关性，即配种时背膘厚度在18毫米以上时，46%的母猪可利用到第四胎；而背膘厚在14毫米以下时，只有28%的母猪能利用到第四胎（表5-1）。后备母猪第一次配种时的身体状况会显著影响其终生的生产性能。如果首次配种母猪没有足够的身体储备，那么通常它们不能实现应达到的胎次。母猪的身体状况越好，它们终生的生产性能也就越佳，后备母猪第一次配种时的体重为125～135千克，背膘厚度为18～20毫米时，其5个胎次的生产性能可以达到最佳。在5个胎次中，差异可达9头仔猪，相当于多产1胎。另外，挑选时后备母猪的背膘厚度越薄，4胎后存留率就越差。

表5-1　第一次配种时不同背膘厚度的母猪不同胎次的留存率

背膘（毫米）	<10	10～12	12～14	14～16	16～18	>18
每组母猪数	952	3395	5559	4731	2898	1496
胎　次	留存百分比（%）					
1	61.2	69.3	76.1	79.6	81.8	83.4
2	43.2	50.2	60.3	66.6	69.8	72.6
3	29.5	36.9	47.2	54.7	58.4	63.3
4	18.2	25.6	36.4	43.9	48.4	53.9
5	11.4	17.1	26.7	35.1	40.6	45.1
6	7.0	10.8	19.3	26.6	30.1	36.0

4. 参考指标 145日龄体重90千克，150～160日龄体重100千克，背膘厚度在95～100千克体重时达到12～14毫米；220～240日龄体重135～145千克，背膘厚度16～20毫米，把控最低和最高水平的背膘厚度。用超声波设备测量背膘厚度（最后一根肋骨处背中线下数6厘米）。

5. 营养 后备母猪和育肥猪饲养目标不同，肥育猪其唯一目标就是在短时间内，用最优代价完成体重的增加。后备母猪需要长期的身体健康和优秀的繁殖性能，既要满足自身发育的需求，又要满足配种后胎儿的生长需要，因而后备母猪对维生素、微量元素、钙、磷等需求与育肥猪大不相同。后备母猪对矿物质和维生素需要高，目的是保证后备母猪骨骼得到充分的钙化，促进生殖系统的发育，提高其体内的储备，为以后2～3年繁殖生产做准备。

一般采用前期自由采食，后期限制饲养。育成期日粮喂给量占体重的2.5%～3%；体重达到80千克以后，喂量占体重的2.5%以下。

体重50～60千克使用后备母猪专用料，150日龄开始，需要适当控制后备母猪的生长速度，以满足矿物质、体脂沉积等生理需求，防止过度限饲和营养不足的影响。Den Hartog和Noordeweir研究表明，12周龄后对后备母猪实行限饲（自由采食的60%）会影响后备母猪的初情年龄，后备母猪饲喂低赖氨酸水平不利于滤胞发育（Yang，1999）。限饲到80%时没有观察到影响，说明严重限饲会影响初情年龄。

(1)*母猪营养不良的危害* 头胎母猪总体状况不良，经产2～3胎后它们将变得越来越瘦，脊椎、肋骨显露，骨瘦如柴，母猪如狗一般。这种母猪产下的仔猪常发生黄痢——脂肪性腹泻；断奶发情间隔延长或不发情；配种返情率高等所谓“二产综合征”。母猪产仔数降低；掉毛、蹄裂；腿软、无力等；被迫提前淘汰。通过补饲调理让母猪“哺乳期过多失重得以补偿”对母猪一生的连续生产性能有良好的补救，避免二产母猪产仔数降低。

（2）优饲　后备母猪在第一个发情期开始，要安排催情补饲，比规定料量多1/3，配种后料量减到1.8～2.2千克。配种前10～14天进行催情补饲，以提高排卵率；配种后早期须将饲养水平降低至（1.8～2千克），以降低胚胎死亡率。在初情期至配种期间，大部分母猪都有一定程度的限饲，而这种限饲抑制排卵。催情补饲的作用就是降低限饲的这种负面影响，从而保证限饲在控制体重方面的正面作用。卵子受精、发育成胚胎以至产仔的总数因排卵率增加而有提高趋势，排卵率增加的幅度与产仔数增加的幅度同步。

6. 管理

（1）环境　舍内温度控制在16℃～18℃，空气相对湿度50%～70%，保持空气新鲜。夏季高温、高湿、不通风，严重影响繁殖性能乃至种猪生命。

（2）分群管理　尽可能满足猪只自由活动，瘦肉型后备猪在体重60千克以前，4～6头群饲；60千克以后，按性别和体重大小再分成2～3头为一小群饲养。在小群饲养时，可根据膘情进行限量饲养。

（3）测量活体膘厚　后备猪于6月龄以后测量活体膘厚，按月龄测定体尺和体重。要求后备猪在不同日龄阶段应有相应的体尺与体重。对发育不良的后备猪，应分析原因，及时进行淘汰。

（4）建档查情　后备种猪建立种猪卡片并及时填写，种猪卡片必须随猪调转。后备猪在母猪7～8月龄时，要认真观察发情情况，并认真登记，适时配种。

（5）人猪亲和训练　后备猪生长到一定年龄以后，管理人员要经常刷拭猪只，抚摸猪只敏感部位，如耳根、腹侧、乳房等处，促使人猪亲和。使猪不惧怕人对它们的管理，为以后的配种、接产打下良好基础。

（6）免疫　做好后备猪各阶段疫苗如口蹄疫、猪瘟、伪狂犬病、细小病毒病、乙脑等疫苗的接种工作。外引猪的有效隔离期 40～60 天，配种前 1 个月转入生产车间前最好与本场老母猪或老公猪混养 2 周以上。

(7)诱导母猪早期发情　越早进入初情期的小母猪在种群中使用的寿命就越长，在生命周期中就能生产更多的仔猪。因此要促进后备母猪早发情，多排卵，多产仔。淘汰那些可能已经超过上市体重的小母猪，降低饲料成本。

①影响初情期年龄的因素。包括遗传、氨气、温度、混圈、移动、光照时间、与公猪接触、通风等。氨气浓度达到 20～35 毫克/千克可能会导致 200 日龄之内发情的小母猪数量下降 30%。有证据显示，仅仅是简单地把小母猪从圈中赶出来，活动(移动)一下再放回到原来的圈舍或重新混圈可以帮助诱情。

②公母同舍饲养。研究表明，后备母猪和公猪同在一个舍内培育，可增加卵巢内成熟卵泡的数量。9 月龄时人工授精配种，与公猪同养一舍的 30 头后备母猪 29 头妊娠，平均产仔 8.9 头。而没与公猪接触过的 26 头小母猪其中有 7 头没能妊娠，平均产仔 8.3 头。

③公猪诱情。诱情公猪选择分泌唾液多、性欲强且稳重的成年公猪。让后备母猪和公猪接触是最有效的初情诱导方法，但因接触方法、接触频率和公猪性欲等不同对诱情效果有差异。身体接触远比隔栏接触要好，每天和公猪接触，1 天 2 次最有效，每次 15 分钟，3～6 头小圈饲养。进入配种区的后备母猪每天放到运动场 1～2 小时并用公猪试情检查。

(8)适时淘汰　凡进入配种区后超过 60 天不发情的小母猪应淘汰；对患有气喘病、胃肠炎、肢蹄病等病的后备母猪，应隔离单独饲养，观察治疗两个疗程仍未见有好转的，应及时淘汰。

(三)空怀母猪的饲养管理

1. 母猪非生产天数　一头生产母猪和超过适配年龄的后备

母猪，没有妊娠、没有哺乳的天数，称为非生产天数(NPD)。包括：后备母猪配种时超过230日龄的天数；断奶到配种时超过6天的天数(其中有3～6天断奶至配种间隔是必需的，在此期间母猪要准备发情，可以叫做必需非生产天数)；返情母猪损失的天数；流产、死胎母猪损失的天数；空怀母猪损失的天数；死淘母猪损失的天数。非生产天数的计算：NPD＝365－[L/F/Y×(LL＋GL)]，其中，L/F/Y是指每头母猪每年所产窝数，叫做"胎指数"，LL是母猪泌乳期天数，GL是指母猪从配种到分娩的妊娠天数，一般是114天。例如，计划每头母猪每年产2.4窝，28天断奶，妊娠期是114天，则NPD＝365－[2.4×(28＋114)]≈25天。每头母猪年分娩窝数＝(365－非生产天数)/(妊娠天数＋泌乳天数)。研究分析显示，每年每头母猪分娩窝数(LSY)的不同是造成不同猪场之间每年每头母猪生产仔猪数不同最重要的因素。而妊娠期天数和哺乳天数相对固定，因此减少非生产天数就成为提高生产效率的关键所在。当然窝产仔数和断奶前死亡率也很重要，但改变窝产仔数比改变非生产天数要难得多。

减少非生产天数造成的损失：非生产天数每增加10天，12头母猪少产1窝仔猪，饲养规模为500头基础母猪的猪场少产41.6窝，按窝均11头计算，少产457头，每头母猪接近1头，加上母猪耗料、人工、水电、育肥猪效益等，累计效益相当可观。

2. 减少母猪哺乳期间体重损失 加强哺乳母猪的饲养管理，断奶不换料、不减料，断奶后5～7天90%发情配种；配种后立刻换孕前料，控料2千克左右。对断奶后超过20天不发情的母猪应及时诊疗。

3. 并栏、运动 空怀母猪在带有运动场的大圈多头饲养，按大小、强弱、胖瘦分群管理，利于控制膘情。经常放在运动场内自由活动利于肢蹄恢复健康，便于观察和发现发情母猪。群内出现发情母猪后，由于爬跨和外激素的刺激，可以诱导其他空怀母猪发情。

4. 控制膘情 空怀母猪应有七八成膘，断奶后 7～10 天 90% 发情配种，开始下一个繁殖周期。母猪过瘦或过肥都会产生不发情、排卵少、卵子活力弱等现象，易造成空怀、死胎等后果。对于体况较差的空怀母猪，在配种前要进行“短期优饲”，于配种前 10～15 天供给高能量水平的饲料，以增加母猪排卵数量和提高卵子质量。对过肥母猪要减少精料投喂，使用一些青绿饲料，以促使其膘体适宜。

5. 环境 充足的阳光和新鲜的空气有利于促进母猪发情和排卵；室内清洁卫生、温度适宜对保证母猪多排卵、排壮卵有好处。有条件的可驱使母猪在室外运动，保持舍内通风、干燥、洁净，做好防暑降温工作。高温（超过 30℃）引起的胚胎死亡率较高。研究表明，配种后 3～14 天尤其是在配种后 11～12 天，在 32℃～39℃环境中即使呆上 24 小时，也会引起胚胎死亡，其存活率降低 35%～40%。在 6～9 月高温季节经产母猪有 32%～42%胚胎发育受阻，其他月份只有 8.2%～20.7%。这主要是环境温度过高，猪体单纯依靠物理调节散热不能维持体热平衡，必须动用化学调节散热，从而导致机体内分泌发生一系列的变化所致。舍内有害气体（CO_2、H_2S、NH_3等）可以使妊娠前 2 周的母猪的胚胎死亡率显著升高。

6. 发情征象和发情周期 母猪的发情周期为 18～24 天，平均为 21 天。在一个发情周期内，要经历发情前期、发情期、发情后期和休情期四个阶段。

（1）发情前期 母猪表现不安，食欲减退，外阴红肿，流出黏液，这时不接受公猪爬跨。

（2）发情期 随着时间的延续，食欲显著下降，甚至不吃，圈内走动，时起时卧，爬墙、拱地、跳栏，允许公猪接近和爬跨。用手按其臀部，静立不动。几头母猪同栏时，发情母猪爬跨其他母猪。阴唇黏膜呈紫红色，黏液多而浓。

(3)发情后期　此时母猪变得安静，喜欢躺卧，外阴肿胀减退，拒绝公猪爬跨，食欲逐渐恢复正常。

(4)间情期　母猪没有性欲要求，精神状态已完全恢复正常。

7. 公猪诱情　每天引导公猪到母猪舍刺激母猪(鼻对鼻接触)，检查、促进发情。

8. 适时配种　母猪的发情期，因个体、年龄的不同而异，短的只有1天，长的6～7天，一般为3～4天，在一个情期内配种2～3次。一般在发情开始后19～20小时初次配种，间隔12～18小时后再次配种。这样，可以有效提高受胎率与产仔数。

9. 妊娠诊断　在配种25～30天借助妊娠诊断仪确诊妊娠，将那些未孕而又没如期返情的母猪，赶回配种舍，促其发情配种。

(四)妊娠母猪的饲养管理

母猪配种后，从精子与卵子结合到胎儿出生，这一过程称为妊娠阶段。母猪的妊娠期一般为112～116天，平均114天。为便于饲养管理，一般分为妊娠初期(20天前)、妊娠中期(20～80天)和妊娠后期(90天至分娩)。掌握妊娠母猪饲养管理技术，能保证胎儿正常发育，保证母猪产仔多、体况好，保胎防流产，青年母猪还应保证自身生长发育的需要。

1. 控制妊娠母猪流产、死淘率

(1)目标　妊娠期间流产不应超过2%，死淘也不应超过2%。

(2)限料　母猪第一个胚胎死亡高峰是合子附植初期9～16天，胚胎易受各种因素影响，占胚胎死亡率的40%左右；配种后7天内适当限制饲喂(采食量控制在自由采食量的50%～60%)，可以减少胚胎死亡。摄入过高营养水平的日粮，配种后最初24～48小时机体代谢旺盛，促使肾上腺激素分泌增加，从而影响孕激素的分泌，进而降低循环血液中黄体酮水平和极为重要的子宫特异性蛋白质的分泌，从而造成胚胎死亡(Jindal 等，1996)。研究认为(Bob Thaler，2000)，母猪的体况决定着采食量对胚胎成活率的影响。对体况良好的母猪给以高采食量会增加胚胎死亡；但对体况较差的消瘦母猪喂较多的饲料实际上会提高胚胎成活率。因此，应按照每头母猪的体况来调整妊娠早期的采食量。

(3)营养　禁用霉变饲料，母猪摄入含有霉菌毒素的饲料后，其正常的内分泌功能被打乱，导致发情异常、死胎、流产等；提供符合本品种需求的标准饲料，根据膘情控制饲喂量，达七八成膘为宜。

(4)应激　胚胎死亡第二高峰在配种后 3～4 周，占 30%。胚胎着床时母猪是否有疾病，或配种后 10～20 天期间母猪是否有相互争斗等应激情况，都会影响胚胎的死亡率。母猪配种后应立刻换圈，或在配种后 28 天进行，否则会造成胚胎着床前或混群时的应激，导致胚胎死亡。避免配种 20 天内并栏、运输和用药等。

(5)免疫　研究证明，妊娠母猪被血浆蛋白的同种异型抗原致敏后，胎盘屏障就会受到破坏，大分子物质(如抗原和抗体等)可以通过，进入对方体内，引起免疫排斥反应而导致胚胎死亡。在猪方面，已证明某些血型和血液中的子宫转铁蛋白与胚胎死亡有关。免疫接种对胚胎的影响也十分明显。一般情况下妊娠前 4 周的母猪避免注射疫苗，若需免疫，应在 4 周后补免，避免增加胚胎死亡率。

(6)泌乳时间　试验表明，在泌乳期第七天实行早期断奶然后配种，妊娠 9～20 天，胚胎死亡严重。研究显示，胚胎成活率随哺乳期缩短而下降。哺乳期不足 21 天的母猪的胚胎成活率有降低的趋势。泌乳对胚胎发育的有害作用可能在于妨碍胚胎的附植，也可能与子宫内膜的复原有一定关系。

(7)精子　胚胎死亡原因中有一部分来自公猪。精子携带的遗传物质、精子质量、精子和卵子之间以及胚胎和母体之间可能存在的不亲和性，都会影响胚胎的生命力和发育。适时配种是提高胚胎成活率的重要保证。研究显示，排卵前 6 小时和排卵后 14 小时配种，胚胎成活率分别为 88％和 32％。猪精液常温保存 3 天以上活力降低，精子异常或异常受精，如多精子受精或含有两个雌性原核卵的单精子受精都会造成胚胎早期死亡。

(8)母猪年龄及体况　初产与高龄母猪，体况过肥、过瘦母猪，脱配母猪等因体内激素分泌等原因，导致排卵时间延迟，孕酮分泌不足，胚胎死亡率增加，窝产仔数下降。

(9)疾病　生殖器官幼稚型和畸形，子宫疾患以及危害生殖力的传染病都能直接或间接对胚胎产生不同程度的影响。微生物是损害母猪繁殖力的重要原因。妊娠母猪感染某些病毒和细菌时，会导致体温升高(40℃～41℃)、食欲减退或废绝等症而引起胚胎死亡。伪狂犬病病毒、猪瘟病毒、日本乙型脑炎病毒、猪细小病毒、猪繁殖与呼吸综合征等均可引起胚胎死亡和干尸化。钩端螺旋体、葡萄球菌、巴氏杆菌和布鲁氏菌等均可引起胚胎死亡。

2. 妊娠诊断　母猪妊娠诊断是繁殖管理的一项重要内容，早期诊断对于缩短产仔间隔有重要意义。

(1)观察法　是常用的初步妊娠诊断方法。配种后下一情期没有发情，用性欲旺盛的成年公猪试情，若母猪拒绝公猪接近，观看外阴门，阴门下联合处逐渐收缩紧闭，且明显上翘；用开膣器、手电筒观察阴道苍白、干涩，附有浓稠黏液；母猪配种后表现疲倦，贪睡，食欲旺盛，食量逐渐增加，容易上膘，性情变得温驯，行动稳重；配种后两个月时如腹下垂、乳房开始膨大等，这些都属于观察内容。因母猪激素分泌紊乱、子宫疾病等都有可能引起不返情，因此观察法不够准确。

(2)超声波测定法　采用超声波妊娠诊断仪对母猪腹部进行扫描，观察胚胞液或心动的变化。其原理是利用孕体对超声波的反射来探知胚胎的存在、胎动、胎心音搏动和胎儿脉搏等情况来进行妊娠诊断。

(3)*阴道上皮检测法* 在母猪配种后20～30天从阴道上皮取一小块样品进行检查。母猪的上皮组织进行固定染色并进行显微镜观察，如果上皮组织的上皮细胞层明显减少，且致密，一般仅有2～3层细胞，则认为该母猪为妊娠母猪，而未妊娠母猪的阴道上皮细胞不仅排列疏松而且为多层。此方法的缺点是，在对阴道上皮取样时要有一些技巧，还必须小心标记样品，记录配种后的时间，因需要染色不能立即得出结果。

(4)*激素测定法* 配种19～23天用放射免疫法或酶联免疫法，测定母猪血浆中孕酮或胎膜中硫酸雌酮的浓度来判断母猪是否妊娠，准确性较高。

(5)*激素反应观察法* 适用于缺乏仪器和检测设备个体检测。机理是母猪妊娠后其功能性黄体分泌孕酮，抑制卵巢上卵泡发育。抵消外源性孕马血清促性腺激素(PMSG)和雌激素的生理反应，母猪不表现发情即可判定为妊娠。

①孕马血清促性腺激素法。于配种后14～26天给被检母猪颈部注射700单位的PMSG制剂，5天内不发情或发情微弱及不接受交配者判定为妊娠；5天内出现正常发情，并接受公猪交配者判定为未妊娠。

②己烯雌酚、雌二醇法。对配种16～18天的母猪，肌内注射己烯雌酚、雌二醇3～5毫升，如注射后2～3天无发情表现，可能已经妊娠。

3. 预产期的推算 母猪的妊娠期为110～120天，平均为114天。推算母猪的预产期均按114天进行，可采用简易方法推算。

(1)*“3,3,3法”* 为便于记忆可把母猪的妊娠期记为3个月3个星期零3天，简称“3,3,3法”。预产期为配种日期加3个月加3周再加3天。

(2)*“4,6法”* 从配种当日算起，加4个月减6天。

(3)"3,24 法" 从配种当日算起,加上 3 个月零 24 天。

4. 猪胎儿生长发育规律

(1)胚胎期生长强度大于出生后期 从精子与卵子结合、胚胎着床、胎儿发育直至分娩,这一时期称为妊娠期,对新形成的生命个体来说,称为胚胎期。猪的受精卵只有 0.4 毫克,初生仔猪重 1.4 千克左右,整个胚胎期 114 天,重量增加 350 万倍;而出生后期 150～160 天体重增加 70 余倍。

(2)胚胎期增重前低后高 母猪妊娠到 80 天时,平均每个胎儿体重为 400 克,占初生时体重的 30%。在 80 天后的 34 天内增重占初生重的 70%左右,是前 80 天的 2.5 倍多。

(3)胚胎期死亡 25%～40% 母猪一次排卵 20～25 枚,卵子的受精率高达 95%以上,但产仔数只有 11 头左右,30%～40%的受精卵在胚胎期死亡。

①合子附植初期死亡。受精卵在第 9～16 天胚胎死亡占 40%～50%,卵子在输卵管的壶腹部受精形成合子,合子在输卵管中呈游离状态,不断向子宫游动,24～48 小时到达子宫系膜的对侧上,在它周围形成胎盘,这个过程需 12～24 天。受精卵在第 9～16 天的附植初期,易受近亲繁殖、饲养不当、热应激、产道感染等影响形成胚胎死亡的高峰期。

②妊娠中期死亡。由于胚胎在争夺胎盘分泌的某种有利于其发育的类蛋白质物质而造成营养供应不均,致使一部分胚胎死亡或发育不良。鞭打、追赶等粗暴地对待母猪,以及母猪间互相拥挤、咬斗等,都能通过神经刺激而干扰子宫血液循环,减少对胚胎的营养供应,增加死亡。

③妊娠后期和临产前死亡。此期胎盘停止生长,而胎儿迅速生长,或由于胎盘功能不健全,胎盘循环失常,影响营养物质通过胎盘,不足以供给胎儿发育所需营养或缺氧致使胎儿死亡。同时,母猪临产前受不良刺激,如挤压、剧烈活动等,也可导致脐带中断

而死亡。

(五)分娩与接产技术

1. 产前准备工作

(1)产房清扫消毒　进猪前,产房应空栏,要彻底机械清扫,消毒药消毒,不留死角。

(2)用具　应准备好高锰酸钾、碘酊、接生粉、干净毛巾、照明用灯、保温箱、红外线灯或电热板等。

(3)猪体护理　产前做好母猪免疫、驱虫保健工作,产仔前5~7天将妊娠母猪赶入产房适应环境,上产床前将母猪全身冲洗干净,这样可保证产床的清洁卫生,减少初生仔猪的疾病。

2. 母猪临产表现

(1)乳房变化　母猪产前15～20天,乳房开始由后部向前部逐渐下垂膨大,其基部在腹部隆起呈两条带状,乳房的皮肤发紧而红亮,两排乳头"八"字形向两外侧开张。产前用手挤乳头有乳汁分泌。当挤出清亮乳汁时,产仔近在2～3天;挤出黏稠黄白色乳汁时,则临产已到;最后1对乳房能挤出乳汁时就要分娩了。但是有个别母猪产后才分泌乳汁,所以要综合其他临产前表现,确定临产时间。

(2)外阴部变化　母猪临产前3～5天,外阴部开始红肿下垂,尾根两侧出现凹陷,这是骨盆开张的标志。排泄粪尿的次数增加。

(3)神经症状　临产前母猪神经敏感,行动不安,起卧不定,吃食不好。频频饮水,增多排尿次数,不停地啃咬围栏;呼吸急促,体温升高,阴门黏液增多。护仔性强的母猪变得性情暴躁,不让人接近,有的还咬人。

(4)母猪产仔时状态　母猪产仔时多数侧卧,腹部阵痛,全身哆嗦,呼吸紧迫,用力努责。阴门流出羊水,两后腿向前直伸,尾巴向上卷,产出仔猪。

3. 接产技术

(1)消毒　临产前先用清水和0.1%高锰酸钾溶液擦洗乳房及外阴部。

(2)控制产程减少死亡　胎儿进入产道后,脐带多数从胎盘上拉断,通过脐带供给仔猪的氧气停止,只等出生后仔猪用肺进行呼吸。如果胎儿在产道停留过长,不能及时产出,就有憋死的可能。

(3)胎位　胎儿出生时头部先出来的称为头前位,约占总产仔数的60%;臀部先出来的称为臀前位,约占总产仔数的40%,这两种均属正常胎位。

(4)环境　母猪产仔时保持安静的环境、适宜温度和新鲜空气,可防止难产和缩短产仔时间。

(5)尽早呼吸　仔猪出生后,先用清洁的毛巾擦去口、鼻中的黏液,使仔猪尽快用肺呼吸,然后用毛巾或接生粉擦干全身。如果舍温较低,立即将仔猪放入保温箱烤干。当仔猪脐带停止波动即可断脐,方法是先使仔猪躺卧,把脐带中的血反复向仔猪腹部方向挤压,在距仔猪腹部5～6厘米处剪断,断面用5%碘酊消毒。仔猪生后应尽快吃上初乳,既可使仔猪得到营养物质和增强抵抗力,又可促进母猪产仔速度。

(6)假死仔猪　在接产过程中,由于母猪体弱、胎儿过大导致产程延长,仔猪在产道中滞留时间较长,或仔猪被胎衣包裹、仔猪脐带在产道内被拉断等原因,产生假死现象,即仔猪出生后不呼吸但心脏仍然在跳动,必须立即采取措施使其呼吸。用左手倒提仔猪两条后腿,用右手拍打其背部;或用左手托拿仔猪臀部,右手托拿其背部,两手同时进行前后运动,使仔猪自然屈伸,进行人工呼吸;用药棉蘸上酒精或白酒,涂抹仔猪的口、鼻部,刺激仔猪呼吸;在寒冷的冬季,可将假死仔猪放入温水中,同时进行人工呼吸,救活后立即将仔猪擦烤干,但要注意仔猪的头和脐带断头端不能放入水中。

(7)尽早吃足初乳　仔猪出生后尽早让仔猪吃到、吃足初乳，以利于仔猪健康和母猪分娩。

(8)控制助产与缩宫素的使用　注意助产时间与消毒，助产后及时应用抗生素防止产后感染；缩宫素不宜在羊水未破等时机和大剂量使用，以免导致胎儿死亡。

(六)哺乳母猪的饲养管理

1. 母猪泌乳规律

(1)母猪乳腺特殊　母猪一般有 6～8 对乳头，每个乳头有 2～3 个乳腺团，每个乳腺团像一串倒置的葡萄，由乳腺泡和乳腺管组成，乳腺管汇成乳管网，最后由一个乳头管通向乳头。各乳头的乳腺相互独立，互不连通。母猪的乳池已极度退化，不能贮存乳汁，因此不能随时挤出奶水，母猪只有在受到仔猪的吃奶刺激时才会放乳。因此，母猪哺乳时不受外界环境的异常刺激和干扰非常重要。

(2)泌乳量前多后少　通常每个乳头上有 2～3 个乳头管，前部乳房的乳腺和乳管数比后面的多，泌乳量也多(表 5-2)。

表 5-2　每对乳头占总泌乳量的百分比

	第 1 对	第 2 对	第 3 对	第 4 对	第 5 对	第 6 对	第 7 对	合　计
所占百分比(%)	22	23	19.5	11.5	9.9	9.2	4.9	100%

(3)泌乳次数前多后少　母猪的泌乳在分娩后最初 2～3 天是连续的，这有利于出生仔猪随时都可以吃乳。前期泌乳次数多、间隔时间短，后期泌乳次数少、间隔时间长。产奶期的母猪每天平均泌乳次数为 21 次，每次间隔时间约为 69 分钟，产后 10～30 天泌乳 23 次/天，60 天下降到 16.5 次/天，间隔时间约为 87 分钟。白

天泌乳次数平均为 9.2 次，夜间相对安静，泌乳次数平均为 11.8 次。每次放乳持续时间 10～40 秒，平均为 11.8 秒，产后第二天为 26.2 秒，到 60 天下降到 6.9 秒。

(4)胎次与泌乳量 初产母猪泌乳量低于经产母猪。初产母猪尚未达到体成熟，特别是乳腺等各组织还处在进一步发育过程中，因此泌乳量受到影响。从第二胎开始泌乳量上升，第六胎或第七胎以后泌乳量下降。

(5)泌乳量大 母猪的泌乳量依品种、窝仔数、母猪胎龄、泌乳阶段、饲料营养等因素而变动。每个胎次泌乳量也不同，通常第三胎最高，以后则逐渐下降。以较高营养水平饲养的长白猪为例：60 天泌乳期内泌乳量约 600 千克，在此期间，产后 1～10 天平均日泌乳量为 8.5 千克，11～20 天为 12.5 千克，21～30 天为 14.5 千克，31～40 天为 12.5 千克，41～50 天为 8 千克，51～60 天为 5 千克。

2. 影响泌乳的因素

(1)品种 不同品种或品系母猪的泌乳量不同。

(2)胎次 初产母猪泌乳量低于经产母猪，原因是初产母猪尚未达到体成熟，特别是乳腺等各组织还处在进一步发育过程中，因此，泌乳量受到影响。第一胎至第三胎泌乳量上升，第六胎或第七胎以后泌乳量下降。

(3)哺乳仔猪头数 带仔头数多的母猪泌乳量高，仔猪有吃固定乳头的习性，母猪放乳必需经由仔猪拱乳头刺激引起垂体后叶分泌生乳素，才能放奶；而未被吃奶的乳头在母猪分娩后不久即萎缩，因而带仔头数多，泌乳量也多。试验证实，母猪每多带 1 头仔猪，60 天的泌乳量可相应增加 26 千克。

(4)母猪的乳房和乳头 哺乳母猪乳腺的发育与仔猪的吸吮有很大关系，特别是头胎母猪，一定要使所有乳房和乳头都被均匀利用，以免未被吸吮利用的乳房发育不好，影响泌乳量。对于初产母猪可在产前15天开始进行乳房按摩，或产后开始用40℃左右温水浸湿抹布，按摩乳房至断奶前后，可收到良好效果。圈栏要平坦，特别是产床要去掉突出的尖物，防止刮伤、刮掉乳头。

(5)充足清洁饮水　母猪哺乳阶段需水量大，只有保证充足清洁的饮水，才能有正常的泌乳量。乳头饮水器的出水量不应少于1.5升/分。

(6)饲养管理　饲料的营养水平、饲喂量、环境和管理均可影响哺乳母猪的泌乳量，保证合理营养和干燥、通风、清洁、适宜温度才能充分发挥泌乳潜力。

3. 饲养管理

(1)哺乳母猪饲养管理目标　增强母猪的泌乳力获得理想的断奶重和较高的断奶成活率。断奶后5～7天90%母猪发情配种。

(2)哺乳母猪饲养原则　设法使母猪最大限度地增加采食量，减少哺乳期失重。哺乳期母猪失重一般不超过母猪产后体重的15%～20%。泌乳期采食量与母猪膘情、泌乳量、乳猪增重和断奶后发情时间密切相关(表5-3)。

表5-3　哺乳期采食量与生产表现

采食量(千克/天)	哺乳母猪失重(千克)	仔猪增重(克/天)			配种间隔(天)
		0～21天	0～28天	21～28天	
1.51	44.5	180.9	169.7	136.2	29.8
2.21	30.8	177.1	171.8	155.6	25.0
2.90	27.4	191.9	189.9	184.0	21.2
3.58	19.6	181.2	187.2	193.5	14.6
4.21	15.8	209.7	205.7	192.7	15.5
4.83	9.0	192.9	192.8		7.8

(3)饲喂量　母猪宜用湿拌料或粥状料，提高适口性。母猪分娩后体力消耗很大，处于高度的疲惫状态，消化功能较弱，开始应给予稀料，2～3天后饲料喂量逐渐增多。从分娩后当天饲喂1～1.5千克，以后根据母猪体重和仔猪数量每天增加0.5～0.8千克，7天后尽可能达到母猪自由采食量。母猪的维持需要量为1.5～2千克标准饲粮，泌乳需要量的一个简单估计方法是每哺育1头仔猪需0.5千克的标准饲粮。母猪一般正常采食量为:1.5～2千克＋仔猪头数×0.5。饲喂次数3～4次/日为宜，泌乳高峰期、高温季节和带仔多的母猪应在早、夜间加喂1次。

(4)适宜环境　母猪适宜温度为15℃～22℃，粪便要随时清扫，保持猪舍清洁、干燥和良好的通风。

(5)母猪产后检查　注意观察恶露的排出量、色泽及排出时间的长短。猪的恶露很少，初为暗红色，以后变为淡白色，再成为透明，常在产后2～3天停止排出。应尽早让胎衣、恶露排出，防止母猪产后感染;观察乳房的胀满程度、有无炎症、奶量多少及乳头有无损伤等;注意观察外阴部是否有肿胀、破损等情况。

三、仔猪的饲养管理

(一)哺乳仔猪的生理特点

1. 生长发育快　仔猪代谢功能旺盛、利用养分能力强。仔猪初生体重小，不到成年体重的1%，10日龄时体重达出生重的2倍以上，30日龄达5～6倍，60日龄达10～13倍。

2. 消化器官容积小，发育快　仔猪出生时胃重仅有4～8克，能容纳乳汁25～50克;20日龄时达到35克，容积扩大2～3倍;当仔猪60日龄时胃重可达到150克。4周龄时小肠重量为出生时的10余倍。消化器官这种强烈的生长保持到7～8月龄，之后开始降低，一直到13～15月龄才接近成年水平。

3. 消化器官功能不完善 仔猪出生时胃内仅有凝乳酶，胃蛋白酶很少，由于胃底腺不发达，缺乏游离盐酸，胃蛋白酶缺乏活性，不能消化蛋白质，特别是植物性蛋白质。这时只有肠腺和胰腺发育比较完全，胰蛋白酶、肠淀粉酶和乳糖酶活性较高，食物主要是在小肠内消化。在胃液分泌上，由于仔猪胃和神经系统之间的联系还没有完全建立，缺乏条件反射性的胃液分泌，只有当食物进入胃内直接刺激胃壁后，才分泌少量胃液。而成年猪由于条件反射作用，即使胃内没有食物，到时候同样能分泌大量胃液。

4. 食物通过消化道的速度较快 食物进入胃内排空的速度，15 日龄时 1.5 小时，30 日龄时 3～5 小时，60 日龄时 16～19 小时。

5. 缺乏先天免疫力 免疫抗体是一种大分子 γ-球蛋白，胚胎期由于胎盘屏障，母体血管与胎儿脐带血管之间被 6～7 层组织隔开，限制了母体抗体通过血液向胎儿转移。仔猪出生时没有先天免疫力，自身也不能产生抗体，因而容易得病。只有吃到初乳以后，靠初乳把母体的抗体传递给仔猪，以后过渡到自身产生抗体才获得免疫力。仔猪出生 10 日龄以后才开始自身产生抗体，直到 30～35 日龄前数量还很少。因此，3 周龄以内是免疫球蛋白青黄不接的阶段。

6. 体温调节能力差，怕冷 仔猪出生时大脑皮层发育不够健全，通过神经系统调节体温的能力差；仔猪体内能源的储存较少，遇到寒冷血糖很快降低，如不及时吃到初乳很难成活。仔猪正常体温约 39℃，刚出生时所需要的环境温度为 30℃～32℃，仔猪出生后体温下降的幅度及恢复所用时间视环境温度而变化，环境温度越低则体温下降的幅度越大，恢复所用的时间越长。当环境温度低到一定范围时，仔猪则会冻僵、冻死。研究发现，出生仔猪处于 13℃～24℃的环境中，体温在生后第一小时可降 1.7℃～7.2℃，尤其 20 分钟内，由于羊水的蒸发，降低更快。仔猪体温下降的幅度与仔猪体重大小和环境温度有关。吃上初乳的健壮仔猪，在18℃～24℃的环境中，约2日后可恢复到正常，在0℃(－4℃～2℃)左右的环境条件下，经10天尚难达到正常体温。出生仔猪如果裸露在1℃环境中，2小时就会冻昏、冻僵，甚至冻死。

(二)哺乳仔猪的饲养管理

哺乳仔猪是指从出生到断奶阶段的仔猪，一般为21～35天。哺乳仔猪是出生后生长发育最快的时期，也是抵抗力较差的阶段。科学的饲养管理，能促进仔猪快速发育、缩短饲养期、提高成活率、获得理想断奶体重。

1. 保暖、防冻、防压　仔猪出生时的适宜温度为32℃，1～3日龄30℃～32℃，4～7日龄28℃～30℃，8～30日龄22℃～25℃。初生仔猪体温调节功能差，做好保暖、防冻、防压工作，是提高仔猪成活率的关键。特别是出生后5天内，由于寒冷，仔猪变得呆笨、不灵活，爱钻草堆，不会吮乳，易被母猪压死、踩死，或引起低血糖、感冒、肺炎等疾病。

2. 尽早吃足初乳　初生仔猪由于某些原因吃不到初乳，很难成活，即使勉强活下来，往往发育不良而形成僵猪。所以，初乳是仔猪不可缺少和取代的，最迟不得超过2小时；母猪分娩时初乳中免疫抗体含量最高，以后随时间的延长而逐渐降低，分娩开始时每100毫升初乳中含有免疫球蛋白20克，分娩后4小时下降到10克，以后还要继续减少；初乳中含有抗蛋白分解酶，该酶可以保护免疫球蛋白不被分解，这种酶存在的时间比较短，如果没有这种酶存在，仔猪就不能原样吸收免疫抗体；仔猪出生后24～36小时，小肠有吸收大分子蛋白质的能力，无论是免疫球蛋白还是细菌等大分子蛋白质，都能毫无保留地吸收。当小肠内通过一定的乳汁后，这种吸收能力就会减弱消失，母乳中的抗体就不会被原样吸收。

3. 称重、打耳号 仔猪出生擦干后应立即称量个体重或窝重。初生体重的大小不仅是衡量母猪繁殖力的重要指标，而且也是仔猪健康程度的重要标志。猪的编号就是猪的名字，在规模化种猪场用以识别不同的猪只，随时查找猪只的血缘关系，便于登记管理记录。

4. 固定乳头 出生2～3天保证弱仔猪固定乳头吸乳，确保同窝仔猪生长均匀而健壮生长。仔猪有固定乳头吸乳的习惯，应在母猪分娩结束后，让仔猪自寻乳头，将个别弱小的仔猪放在前边乳汁多的乳头上，强壮的放在后边乳头上。

5. 仔猪诱食与补饲 5～7日龄诱食，14日龄认食，断奶时采食饲料满足60%～70%生理需求，锻炼仔猪消化系统的功能，促使胃肠发育，防止腹泻，提高断奶窝重，为完全断奶打下基础。

6. 饮水 仔猪生长迅速、代谢旺盛，同时由于母乳中含脂肪量高达7%～11%，仔猪又活泼爱动，因此从3日龄开始，必须供给清洁的饮水。喝脏水或尿液易导致腹泻。

7. 补铁 铁是造血和防止营养性贫血的必需元素。仔猪出生自身储备铁50毫克，每天生长发育需铁8～10毫克；每100克母乳中含铁0.2毫克，仔猪每日从乳汁中获得的铁约1毫克，所以仔猪从3日龄起就可能因铁量的不足而产生缺铁性贫血。应在仔猪出生后2～3天补铁，防止仔猪体内铁的储备耗尽，从而生长停滞并发生缺铁性腹泻甚至死亡。

8. 去势 商品猪场的小公猪和种猪场不能作种用的小公猪，应在哺乳期间(10日龄左右)进行去势，猪小容易操作、恢复快。

9. 寄养 在有多头母猪同期产仔时，对于那些产仔头数过多、无奶或少奶、母猪产后因病死亡的仔猪采取寄养，是提高仔猪成活率的有效措施。当母猪产仔头数过少需要并窝合养，使另一头母猪尽早发情配种，也需要进行仔猪寄养。

母猪产期接近，实行寄养时母猪产期最好不超过3～4天；后产的仔猪向先产的窝里寄养时，要挑体重大的寄养，而先产的仔猪向后产的窝里寄养时，则要挑体重小的寄养，以免仔猪体重相差较大，影响体重小的仔猪发育。被寄养的仔猪一定要吃初乳，仔猪吃到初乳才容易成活，如因特殊原因仔猪没吃到生母的初乳时，可吃养母的初乳。寄养母猪必须是泌乳量高、性情温驯、哺育性能强的母猪。可在被寄养的仔猪身上涂抹寄养母猪的奶或尿，也可将被寄养仔猪和寄养母猪所生仔猪合关在同一个仔猪箱内，经过一定时间后同时放到母猪身边，使母猪分辨不出被寄养仔猪的气味；寄养时常发生寄养仔猪不认“奶妈”而拒绝吃奶的情况，当养母放奶时不但不靠近吃奶，而是向相反的方向跑，想冲出栏圈回到生母处吃奶。遇到这种情况可利用饥饿和强制训练的办法进行训练，才能成功。

(三)仔猪断奶技术

仔猪由于生长、生理特点及环境、营养、应激等因素的影响，断奶后数天内可能出现食欲减退，营养不良，生长受阻，体重不仅不增加，反而有可能下降，容易出现生长受阻、腹泻、水肿等疾病，应采取相应措施减缓断奶应激。

1. 断奶时间　在自然条件下，母猪泌乳期在60天左右，仔猪消化系统的功能在此期间逐渐完善，自然离开母猪哺育。断奶时间应根据疫病控制需要、猪生理规律和生产条件而定，同时应考虑实际生产性价比。

2. 早断奶优势　早断奶不仅可以缩短母猪的哺乳时间，从而提高母猪的繁殖率和年产仔数、提高分娩舍利用率、降低仔猪的生产成本，而且能阻断某些传染病的传播。10日龄内断奶可预防猪链球菌病和猪繁殖与呼吸综合征；12日龄内断奶可预防沙门氏菌病；14日龄内断奶可预防巴氏杆菌病和霉形体病；21日龄内断奶可预防伪狂犬病和放线杆菌病。

3. 超早期断奶 0～2 周龄断奶，要求药物、隔离、多点式生产、恒温环境、无微不至的照顾。一般是出于特殊需要，如培育 SPF 猪等，需要创造特殊的条件，否则难于成功，因为它超越了母、仔双方的“断奶生理限度”。试验证明，吃人工乳仔猪比吃奶仔猪生长快；仔猪断奶时间早于 21 天，母猪子宫等生殖器官和内分泌系统未彻底恢复，断奶至配种的时间、下一胎的受胎率和产仔数可能受影响。

4. 早期断奶 是相对于传统的 8～12 周龄以上自然断奶而言的断奶方式。从仔猪的生理角度看，在仔猪体重 4 千克以上或 3～5 周龄时断奶较为适宜。要求按批次生产，全进全出，良好的密闭舍饲条件，适宜的温度，良好的通风和良好的照顾。此时母猪泌乳的高峰期已过，但仔猪断奶时间越提前，仔猪的发育越不成熟，其免疫系统越不发达，抗病力差，对营养和环境条件要求越苛刻。

5. 断奶方法 早期断奶仔猪体温调节功能差、消化功能不健全、胃肠道消化酶系统发育不完善、免疫抗病力较低；运动协调能力较差、尚未完全适应固体饲料或尚不能食用固体饲料等。针对这样的特点，早期断奶仔猪的培育应注意饲料、保温、抗病防病、看护管理等方面的精心饲养管理，尽量做到饲料、环境、管理三不变，以减缓仔猪断奶应激反应。

(1)*赶母留仔* 保持环境条件稳定，断奶时将母猪赶走把仔猪留在原栏，饲养人员和饲料等因素都应保持相对稳定。待断奶仔猪群的精神、食欲、粪便都正常之后，再逐渐换料、饲养方式、调栏等工作。

(2)*断奶升温* 仔猪在 15～30 日龄的适宜温度为 22℃～25℃，断奶时可适当提高环境温度至 28℃～30℃。由于环境温度低于仔猪的最适温度而导致的症状有腹泻、发热、支气管炎和肺炎等，并且容易诱发其他传染病。产房转入保育舍后第一周的温度要高于产房的温度。断奶第一周的温度要求28℃～30℃，以后每周降1℃～2℃，直到22℃～24℃。舍内空气相对湿度控制在60%～70%，过大会造成腹泻的发生，过小会造成舍内粉尘增多诱发呼吸道疾病的发生。

(3)环境　保持圈舍清洁、干燥、通风，注意消毒。仔猪躺卧区域一般应有木板、橡胶、塑料及各类导热性较低的材料做成的垫子以防小猪躺卧时腹部受凉，必要时应设置保温箱或直接提供热源；加强对仔猪的看护，严格遵守防疫卫生制度，搞好预防接种和清洁消毒工作；要注意防止贼风(舍内风速应小于0.25米/秒)，保持舍内干燥(空气相对湿度应在60%～70%)、温暖和空气新鲜(NH_3浓度低于26毫升/升)。

(4)饲料　原饲养制度和原饲料不变，以减少环境变化引起的应激；要提高饲料易消化性和适口性，添加促进消化和采食的特殊因子，如益生素、有机酸、酶制剂、各种微量元素等，饲料进行熟化处理；新断奶仔猪的增重对能量的依赖性非常强，必须实现饲料(能量)采食量最大化。

(5)防护　做好保育仔猪的免疫工作，每栏仔猪要挂上免疫卡，记录转栏日期、注射疫苗情况；免疫卡随猪群移动而移动，不同日龄的猪群间不能随意调换，以防引起免疫工作混乱。留心猪群的状态、体表、呼吸、粪便、体温变化，及时发现、隔离、治疗病猪，严重的应向上级报告，突然死亡的猪只应进行解剖诊断。

(6)饮水与采食　断奶前3天鼓励采用地垫喂料等多种方式确保仔猪采食乳猪料，防止断奶负增长和淘汰率上升。断奶36小时95%仔猪采食，通过人工辅助饲喂粥状料等措施保障不食仔猪提供营养免于饥饿。饮水器应设在栏内仔猪肩部为宜，调教仔猪在断奶36小时内学会饮水。让仔猪充分休息和适应，避免断奶同时进行防疫、去势等加重断奶应激。

四、保育猪的饲养管理

保育猪是指断奶后在育成舍内饲养的仔猪，即从离开产房开始到转入育肥舍之前阶段，一般在30～70日龄，在育成舍饲养30天左右。采取各种措施和方法减少仔猪的转群应激，从饲料过渡、猪群管理、环境控制及疫苗接种等方面提高本段猪群的生产性能及其经济效益。圈舍的干燥、通风、清洁、温度缺一不可。

（一）保育猪的饲养

1. 饲料 减少因饲料过度而造成的仔猪应激，猪群转入3～5天不换料；待采食恢复正常后，如需换料，每天替换20%，5天完成过渡换料。在生产中可根据猪群的整体情况灵活掌握，对于病弱猪只可适当延长饲喂乳猪料或饲料过渡的时间。

2. 饮水 水是仔猪每日食物中重要的营养物质，饮水不足，不但猪的采食量降低，还会影响到对饲料的消化吸收，因此舍内应安装饮水设备，保证仔猪每天喝到充足清洁的饮水。

3. 规范免疫 频繁疫苗接种可明显降低仔猪的采食量，抑制免疫应答，影响免疫系统的发育，并能改变激素的平衡。要根据猪场的实际情况决定疫苗选择与使用。

（二）保育猪的管理

1. 合理组群 提高仔猪的均匀整齐度，同栏的仔猪体重相差不要超过1千克。体重相差太大会使小的猪被大的猪欺负，导致吃不到料而变得越来越瘦，抵抗力降低，进而发病，成为弱猪。根据其品种、公母、体质等进行合理组群，并注意观察，以减少仔猪咬斗现象的发生。对于个别病弱猪只要进行单独饲养特殊护理。

2. 合理空间 保证每头仔猪有0.3～0.4米^{2}的空间，使猪有一个宽敞的活动空间。

3. 加强管理　及时发现并挑出喜欢咬斗对同栏猪有严重攻击行为的猪，单独放在一栏，以减少不必要的损失。发生这种行为的猪跟饲养密度和遗传学有关，对于这种猪最好特殊对待。

4. 全进全出　控制疫病传播。

5. 卫生定位　仔猪转入1～3天加强卫生定位工作，使得每一栏都形成采饮区、休息区及排粪区的三区定位，从而为保持舍内环境及猪群管理创造条件。

6. 环境　注意通风与保温，育成舍的室温一般控制在22℃～28℃，空气相对湿度控制在60%～65%，由于保育舍内的猪只多、密度高，在寒冷季节往往可产生大量有害气体(氨气、二氧化碳等)。因此，在保温的同时要做好通风，排除有害气体，为猪只提供较为舒适的生长生活环境。

五、育肥猪的饲养管理

(一)饲养管理

1. 调教　对进入猪舍后的猪只，前3天要进行调教，养成采食、排泄、躺卧三点定位的习惯。

2. 优良环境

(1)温度　育肥期适宜温度为15℃～20℃，空气相对湿度为60%～70%。保持猪舍清洁、通风，减少空气中有害气体含量，确保猪只氧气需求。当温度过高时，育肥猪就会烦躁不安、气喘、不愿进食。当温度过低时，育肥猪会相互拥挤，采食量增加，不但浪费了饲料，而且猪的体重下降。温度过低时，猪用于维持体温的热能增多，使日增重下降；温度过高，猪食欲下降，代谢增强，饲料利用率也降低。因此，夏季要做好防暑工作，增加饮水量；冬季要喂温食，必要时修建暖圈。

(2)光照　育肥猪舍内光照应暗淡，以使猪能得到充分的休息。

(3)通风　保持通风状况良好和足够的通风量。使空气清新，以降低氨气、硫化氢的浓度，避免浆膜性肺炎等呼吸道病的发生。

3. 观察　经常观察健康状况、精神状态、采食、躺卧、排泄情况，病猪早发现、早隔离、早控制。

4. 合理密度　每只猪所占空间不低于 1.5 米^2。如果密度太大，猪只就容易打架，容易发生消化道、呼吸道等疾病的传播，特别是呼吸道疾病。

5. 全进全出　全进全出是猪场控制感染性疾病的重要途径。如果做不到完全的全进全出，就易造成猪舍的疾病循环。因为猪舍内留下的猪往往是生长不良猪只、病猪或病原携带者，等下一批猪进来后，这些猪就可作为传染源感染新进的猪只，新进猪只就有可能发病、生长缓慢或成为僵猪，而转群时又留了下来，成为新的传染源。

(二)提高育肥猪生产力的技术措施

1. 提倡原窝饲养　猪有明显的等级行为，来源不同栏舍的猪合群时，往往剧烈争斗，造成个体间增重差异达 15%。原则上，以原圈一栏的形式进行生长育肥期的饲养管理为宜。原窝猪在哺乳期和保育期形成的群居顺序，在肉猪期依旧不变，不会出现新的等级争斗过程。

分群时，一般掌握“留弱不留强”、“夜合昼不合”的原则。若要合群并栏，也应在傍晚或夜间进行，并辅以如来苏儿、漂白粉等药物喷洒，消除因异味敏感而造成的争斗加剧。同时，注意加强调教护理，以减少咬斗。分群时，要求同栏猪有一定的整齐度，大小强弱一致，个体间体重差异不超过 2～3 千克。

2. 饮水 要保证猪随时可饮到充足清洁的水，冬、春季给温水，夏季给凉水。

3. 公、母猪分开饲养 研究表明，从 50 千克体重到出栏，公、母猪生产性能的差异是很大的，公猪比母猪耗料多，而且生长速度也较快，但母猪的饲料效率比公猪高，且胴体的瘦肉率高于公猪。育肥猪要想达到最高生产性能，母猪每天需赖氨酸比公猪要多 2.3 克，将公、母猪分开饲养，分别控制饲料中蛋白质的含量，平衡饲料中的氨基酸，可以提高猪的生产性能，发挥最大的生产潜力；公、母猪分开饲养，不但可以减少氨基酸的浪费，节约蛋白质，而且还可以使氮的排出量减少，有利于降低猪圈中氮的浓度。

4. 自由采食 保持饲槽中有足够饲料，每天上午和下午都要检查饲槽中饲料的情况，如饲料不漏或漏出过多都要及时处理，饲料如有浪费，或被猪拱出，或加料撒出要及时回收，杜绝浪费。

5. 营养 育肥猪生长速度较快，必须供给营养丰富的全价饲料来满足猪快速生长的要求。猪是单胃杂食动物，饲料中的不饱和脂肪酸直接沉积于体脂，使猪体脂变软，不利于长期保存。因此，在肉猪出栏上市前两个月应该控制含不饱和脂肪酸少的饲料，防止产生软脂。按国家规定选择药物使用及停药期。

6. 适时出栏 在一定的饲养管理条件下，肉猪达到一定体重时，达到增重高峰。随着体重的增长，胴体瘦肉率降低。据研究，体重 60～120 千克阶段，大致活重每增长 10 千克，瘦肉率下降 0.5%。出栏体重越小，单位增重耗料越少，饲养成本越低，但成本的分摊额度越高，且售价等级也越低，很不经济。出栏体重越大，单位产品的非饲养成本分摊额度越少，但后期增重的成分主要是脂肪，而脂肪沉积的能量消耗量大。据研究，沉积 1 千克脂肪所消耗的能量是生长同量瘦肉耗能的 2.6 倍以上，饲料利用率下降，饲养成本明显增高；同时，由于胴体脂肪多，售价等级低，也不经济。因此，生产者应综合诸因素，根据具体情况灵活确定适宜的出栏体重，应在增重高峰过后及时出栏为宜；根据市场需求确定出栏体重。养猪生产是为满足各类市场需要的商品生产，不同市场要求各异，以经济效益为核心，以生产成本和产品市场价格确定出栏体重。

第六章　生猪的疫病防治及生物安全技术

一、制订卫生防疫制度

(一)严格贯彻执行《中华人民共和国动物防疫法》

2007年8月30日第十届全国人大常委会第二十九次会议通过了新修订的《中华人民共和国动物防疫法》(以下简称《动物防疫法》)。

《动物防疫法》共十章八十五条。在认真总结近年来防控重大动物疫病的实践基础上，重点对免疫、检疫、疫情报告和处理等制度做了修改、补充和完善，新增了疫情风险评估、疫情预警、疫情认定、无规定动物疫病区建设、官方兽医、执业兽医管理、动物防疫保障机制等方面的内容。《动物防疫法》的颁布实施，标志着我国动物疫病防控工作进入了一个新的阶段。

(二)猪场兽医卫生防疫规程

1. 总　则

第一条　为了预防、控制或消除猪的传染病(包括寄生虫病，下同)，保护养猪生产和人员身体健康，根据国务院颁发《中华人民共和国动物防疫法》有关规定特制定本规程。

第二条　本规程所指猪传染病同《动物防疫法》第三条中规定的有关猪的疾病。

第三条　本规程适用于具有一定规模的全民和集体养猪场。

第四条　猪场场长及工作人员，必须严格遵守本防疫卫生规程；出现疫情时，场长、兽医及管理人员应强制执行有关措施。

2. 场址的选择、建筑和布局

第五条　猪场场址应地势高燥、向阳、通风并有一定的坡度；土质坚实，渗水性强，未被病原微生物污染的沙壤土；水、电供应有保证；交通便利，应远离铁路、公路、城镇、居民区和公共场所，距离最好超过 500 米；禁止在屠宰场、畜产品加工厂、其他饲养场、垃圾及污水处理场所、风景旅游区建场；场址所在区域猪群密度和场址周围猪群密度尽可能低；场址周围尽可能远离其他猪群（要求直线距离在 2 000～5 000 米）和牛、羊、猫、狗等动物（要求距离 100～1 000 米）；猪场周围筑有高 2.6～3 米的围墙或较宽的绿化隔离带、防疫沟等，注重防疫。

第六条　养猪场要做到生产区与生活区、行政区严格分开。生产区应设在离生活区、行政区 200 米以外的下风处。饲料仓库、种猪舍应设在生产区的上风处。根据防疫要求，生产区入口建有更衣消毒室，猪场和生产区入口处有淋浴或消毒和登记制度。由于每天出入猪场的人员和物品频繁，因此有必要对进出猪场或生产区的人员和物品实行淋浴或消毒和登记制度，以便对出入猪场的人员和物品进行监督和生物安全风险评估，防止可能的病原进入场内。淋浴间建造在生活区与生产区交界处，划分明确的污区和净区，淋浴前所有衣物、鞋帽和私人物品在污区保管，裸体充分淋浴，香波洗发后进入净区穿上生产区专用内外衣物鞋帽进入生产区；同样，走出生产区前必须在淋浴间净区脱去所有生产区专用内外衣鞋帽，充分淋浴后在淋浴间污区穿上个人衣物进入生活区；生产区专用内外鞋帽必须在生产区清洗消毒后生产区保管；除非得到兽医许可并经过严格消毒，任何私人物品不准进入生产区；物品消毒间应设在场外与场内的交界处，生活区与生产区交界处设立两处消毒间，分别用于进入生活区和生产区物品的熏蒸消毒；猪场生活区入口处和生产区入口处（即淋浴间入口处）设置脚浴消毒盆（池）用于脚底消毒。

第七条　猪场应严格执行生产区与生活区、行政区相隔离的原则。人员、动物和物资运转应采取单一流向，猪群的单向流动要遵循不可逆原则，即健康等级高的猪场的猪群可以向低等级猪场流动，同一猪场的猪群只能按照公猪舍→配种舍→妊娠舍→产房→保育舍→肥育舍流动；同样，猪群只能从净区流向污区。上述的单向流动原则是不可逆的。场内道路布局合理，进料道和出粪道严格分开，防止交叉污染和疫病传播。兽医室、隔离舍、病死猪无害处理间、剖检室和粪便处理场应设在猪场的下风处，离猪舍50米以外。

应设置装猪台，在猪场的生物安全体系中，仅次于场址的重要的生物安全设施，也是直接与外界接触交叉的敏感区域，因此建造出猪台时需考虑以下因素：一是要划分明确的装猪台净区和污区，猪只只能按照净区→污区单向流动，生产区工作人员禁止进入污区；二是装猪台的设计应保证冲洗装猪台的污水不能回流；三是保证装猪台每次使用后能够及时彻底冲洗消毒。猪场应建立隔离观察舍，进场种猪要在隔离圈观察，出场经过用围栏组成的通道，赶进装猪台。装猪台设在生产区的围墙外面。严禁购猪者进入装猪台内选猪、饲养员赶猪上车和多余猪返回舍内。

第八条　生产区是全场的中心，按饲养工艺流程为种公猪舍→空怀母猪舍→妊娠猪舍→分娩舍→保育舍→育成舍，各猪舍之间的距离为30米。有条件最好采用多点式饲养。“三点式”：即繁殖区（包括种公母猪舍、妊娠母猪舍、产房）、仔猪培育区和育肥区。“两点式”：繁殖区、仔猪保育育肥区，区间距离50米。

第九条　猪场围墙和大门应使用栅栏或建筑材料建立明确的围墙和大门，且围墙、大门的高度和栅栏的间隙能够阻止猪场以外的人员、动物和车辆进入猪场内；大门随时关闭上锁；在围墙和大门的明显位置，悬挂或张贴“猪场防疫，禁止入内”警示标志。猪场大门入口设置宽与大门相同，长等于进场大型机动车车轮一周半长的水泥结构消毒池。养猪场应备有健全的清洗消毒设施，防止疫病传播，并对养猪场及相应设施如车辆等进行清洗消毒。生产区门口设有更衣、换鞋、洗手、消毒室和淋浴室。猪舍两端出入口处要设置长1米的消毒池和消毒盆，以供进出入人员脚踏和洗手消毒。猪场的每个消毒池要经常更换消毒液，并保持有效浓度。

第十条　场内应有深水井或自建水塔供全场用水。水质应符合国家规定的卫生标准。猪场要有专门的粪便处理场，粪尿池的容量和处理符合环保要求，防止污染环境。

3. 防疫职责

第十一条　猪场兽医防疫卫生管理实行场长负责。场长的职责为：

(1)组织拟定本场兽医防疫卫生计划、规划和各部门的防疫卫生岗位责任制；

(2)按照规定淘汰病猪、疑似传染病猪、隐性感染猪和无饲养价值的猪；

(3)组织实施传染病和寄生虫病的防治和扑灭工作；

(4)对场内职工及家属进行猪场兽医防疫卫生规程宣传教育；

(5)监督场内各部门和职工执行规程。

第十二条　猪场要建立有一定诊断和治疗条件的兽医室，建立健全免疫接种、诊断和病理剖检记录。

第十三条　猪场应根据猪群规模配备具有中专学历以上的兽医技术人员。其职责是：

(1)拟定全场的防疫、消毒、检疫、驱虫工作计划，并参与组织实施。定期向主管场长汇报；

(2)配合畜牧技术人员加强猪群的饲养管理、生产性能及生理健康监测；

(3)定期开展主要传染病及免疫监测工作；

(4)定期检查饮水卫生及饲料的加工、贮运是否符合卫生防疫要求；

(5)定期检查猪舍、用具、隔离舍、粪尿处理、猪场环境卫生和消毒情况；

(6)负责防疫、病猪诊治、淘汰、死猪剖检及其无害化处理；

(7)推广兽医科研新成果和新经验，有条件的可结合生产进行必要的科研工作；

(8)建立疫苗领用、保管、免疫注射、消毒、检疫、抗体检测、疾病治疗、淘汰、剖检等各种业务档案。

4. 兽医防疫卫生制度

第十四条 要坚持自繁自养的原则，必须引进种猪时，在引进猪只前必须调查产地是否为非疫区，并有产地检疫证明。引入后隔离饲养30天左右，及时注射猪瘟疫苗。

第十五条 猪场不得饲养禽、犬、猫及其他动物。职工家中不得养猪。

第十六条 严格控制参观猪场，必要时经场长许可，须经洗澡、更换场区工作服、工作鞋并遵守场内防疫制度。

第十七条 场内不准带入可能染疫的畜产品或物品。场内兽医人员不准对外诊疗猪及其他动物的疾病。

第十八条 猪场的每个消毒池要经经常更换消毒液，保持有效浓度。

第十九条 生产人员进入生产区，应穿工作服和胶靴，或淋浴后更换衣鞋，工作服应保持清洁，定期消毒。严禁相互串栋。

第二十条 猪场要喂全价配合饲料，禁止饲喂不清洁、发霉或变质的饲料，不得喂泔水，以及未经无害处理的畜禽副产品。

第二十一条 每天坚持打扫猪舍卫生，保持料槽、水槽干净，地面清洁，舍内可用0.2%过氧乙酸或次氯酸钠消毒，每月1～2次。

第二十二条　猪场道路和环境要保持清洁卫生，定期消毒。因地制宜选用高效、低毒、广谱的消毒药品。

第二十三条　每批猪调出后，要严格进行清扫、冲洗和消毒，并空圈5～7天，集约化商品猪场要实行“全进全出”制。

第二十四条　产房要严格消毒，有条件的可进行消毒效果检测，母猪进入产房前进行体表消毒，母猪用0.1%高锰酸钾溶液对外阴和乳房清洗消毒，仔猪断脐带时要严格消毒。

第二十五条　提早对仔猪补饲和加喂微量元素、维生素，使用饲料药物添加剂需规定上市前停喂时间。

第二十六条　定期驱除猪的体内、外寄生虫，搞好灭鼠、灭蚊蝇和吸血昆虫等工作。

第二十七条　猪只及其产品出场，须经县以上防疫检疫机构或其委托单位出具检疫证明。出售种猪应包括疫病监测和免疫证明。

5. 扑灭疫情

第二十八条　猪发生烈性传染病或传入新传染病时，应采取以下措施：

(1)兽医及时进行诊断、调查疫源，根据疫病种类做好隔离、消毒紧急防疫、病猪治疗和淘汰等工作，做到早发现、早确诊、早处理，把疫情控制在最小范围内；

(2)发生人畜共患病时，必须同时报告卫生部门，共同采取扑灭措施；

(3)在最后一头病猪淘汰或痊愈后，须经该传染病最长潜伏期的观察，不再出现新病例，并经严格消毒后，可撤销隔离或申请解除封锁。

6. 附　则

第二十九条　对在兽医防疫卫生工作中做出成绩的集体和个

人,应给予表彰和奖励。

第三十条 对违反本规程而造成严重后果的,应区别情况给予处罚。触犯法律的,应依法追究刑事责任。

二、消毒技术

(一)猪场消毒

1. 猪场门卫消毒 指由门卫完成的猪场外围环境消毒,包括大门消毒、脚手消毒和车辆消毒等。

(1)大门消毒 主要供出入猪场的车辆和人员通过,要避免日晒雨淋和污泥浊水入消毒池内。池内的消毒液2~3天彻底更换1次,所用的消毒剂要求作用较持久、较稳定,可选用氢氧化钠(2%)、过氧乙酸(1%)等。消毒程序为:消毒池加入20厘米深的清洁水→测量水的重量/体积→根据水的重量/体积、消毒液的浓度、消毒剂的含量,计算出消毒剂的用量→添加、混匀。

(2)脚手消毒 猪场进出口除了设有消毒池消毒鞋靴外,还需进行洗手消毒。要注重外来人员的消毒,更要注重本场人员的消毒。采用的消毒剂应对人的皮肤无刺激性、无异味,可选用过氧化氢溶液(0.5%)、新洁尔灭(季铵盐类消毒剂)(0.5%)。消毒程序为:设立两个洗手盆(A与B)→加入清洁水→盆A:根据水的重量/体积计算需加消毒剂的用量→进场人员双手先在A盆中浸泡3~5分钟→在盛有清水的B盆中洗净→毛巾擦干。

(3)车辆消毒 进出猪场的运输车辆,特别是运猪车辆,车轮、车厢内外都需要进行全面的喷洒消毒,采用的消毒剂应对猪无刺激性、无不良影响,可选用过氧化氢溶液(0.5%)、过氧乙酸(1%)、二氯异氰尿酸钠等。任何车辆不得进入生产区。消毒程序为:准备好消毒喷雾器→根据消毒桶(罐)中加水的重量/体积、消毒液浓度、消毒剂的含量,计算消毒剂的用量,加入、混匀→从车头顶端、车窗、门、车厢内外、车轮自上而下喷洒均匀→用清水清洗消毒机器，以防腐蚀机器→3～5分钟后，方可准许车辆进场。

2. 猪舍消毒 指全进全出的猪舍消毒。

(1)转群后舍内消毒 产房、保育舍、育肥舍等每批猪调出后，要求猪舍内的猪只必须全部出清，一头不留，对猪舍进行彻底的消毒。可选用过氧乙酸(1%)、氢氧化钠(2%)、次氯酸钠(5%)等。消毒后需空栏5～7天才能进猪。消毒程序为：彻底清扫猪舍内外的粪便、污物，疏通沟渠→取出舍内可移动的部件(饲槽、垫板、电热板、保温箱、料车、粪车等)，洗净、晾干或置阳光下暴晒→舍内的地面、走道、墙壁等处用自来水或高压泵冲洗，栏栅、笼具进行洗刷和抹擦→闲置1天→自然干燥后才能用高压喷雾器喷雾消毒，消毒剂的用量为1升/米^2，要求喷雾均匀，不留死角→用清水清洗消毒机器，以防腐蚀机器。

(2)带猪消毒 当某一猪圈内突然发现个别病猪或死猪，若怀疑传染病时，在消除传染源后，对可疑被污染的场地、物品和同圈的猪所进行的消毒。可选用新洁尔灭(1%)、过氧乙酸(1%)、二氯异氰尿酸钠等。消毒程序为：准备好消毒喷雾器→测量所要消毒的猪舍面积而计算消毒液的用量→根据消毒桶(罐)中加水的重量/体积、消毒液浓度、消毒剂的含量，计算消毒剂的用量，加入、混匀→从猪舍内顶棚、墙、窗、门、猪栏两侧、饲槽等，自上而下喷洒均匀→用清水清洗消毒机器，以防腐蚀机器。

(3)空气消毒 在寒冷季节，门窗紧闭，猪群密集，舍内空气严重污染的情况下进行的消毒；要求消毒剂不仅能杀菌，还有除臭、降尘、净化空气的作用。采用喷雾消毒，消毒剂用量0.5升/米^3。可选用过氧乙酸(1%)、新洁尔灭(0.1%)等。消毒程序为：准备好消毒喷雾器→测量所要消毒的猪舍体积而计算消毒液的用量→根据消毒桶(罐)中加水的重量/体积、消毒液浓度、消毒剂的含量，计算消毒剂的用量，加入、混匀→细雾喷洒从猪舍顶端，自上而下喷洒均匀→用清水清洗消毒机器，以防腐蚀机器。

(4)饮水消毒 饮用水中细菌总数或大肠杆菌数超标，或可疑污染病原微生物的情况下，需进行消毒；要求消毒剂对猪体无毒害，对饮欲无影响。可选用二氯异氰尿酸钠、次氯酸钠、百毒杀(季铵盐类消毒剂，0.1%)等。消毒程序为：储水罐(桶)中储水重量/体积→计算消毒剂的用量→加入、混匀→2小时后可以引用。

(5)产房消毒 产房要严格消毒，母猪进入产房前进行体表清洗和消毒，用0.1%高锰酸钾溶液对母猪外阴和乳房擦洗消毒。仔猪断脐时要用5%碘酊严格消毒。

3. 器械消毒 是指注射器、针头、手术刀、剪子、镊子、耳号钳、止血钳等物品的消毒，洗净后，置于消毒锅内煮沸消毒30分钟后即可使用。

4. 猪场消毒时应注意的问题

第一，消毒最好选择在晴天，彻底清除栏舍内的残料、垃圾和墙面、顶棚、水管等处的尘埃，尽量让消毒药充分发挥作用；任何好的消毒药物都不可能穿过粪便、厚的灰尘等障碍物进行消毒；

第二，充分了解本场所选择的不同种类消毒剂的特性，依据本场实际需要的不同，在不同时期选择针对性较强的消毒剂；

第三，配消毒液时应严格按照说明剂量配制，不要自行加大剂量。浓度过大会刺激猪的呼吸道黏膜，诱发呼吸系统疾病的发生；

第四，使用消毒剂时，必须现用现配制，混合均匀，避免边加水边消毒等现象。用剩的消毒液不能隔一段时间再用；

第五，任何有效的消毒，必须彻底湿润欲消毒的表面，消毒后犹如下了一层毛毛雨一样。进行消毒的药液用量最低限度应是0.3升/米^2，一般为0.3～0.5升/米^2；

第六，消毒时应将消毒器的喷口向上倾斜，让消毒液慢慢落下，千万不要对准猪体消毒；

第七，要尽可能长时间的保持消毒剂与病原微生物的接触，一般接触在30分钟以上方能取得满意的消毒效果；

第八，在实际生产中，需使用两种以上不同性质的消毒剂时，可先使用一种消毒剂消毒，60分钟后用清水冲洗，再使用另一种消毒剂；

第九，不能长久使用同一性质的消毒剂，坚持定期轮换不同性质的消毒剂；

第十，猪场应有完善的各种消毒记录，如入场消毒记录、空舍消毒记录、常规消毒记录等。

（二）猪群卫生

第一，每天及时打扫圈舍卫生，清理生产垃圾，保持舍内外卫生干净整洁，所用物品摆放有序。

第二，每天必须进圈内打扫清理猪的粪便，尽量做到猪、粪分离，若是干清粪的猪舍，每天上、下午及时将猪粪清理出来堆积到指定地方；若是水冲粪的猪舍，每天上、下午及时将猪粪打扫到地沟里用清水冲走，保持猪体、圈舍干净。

第三，每周转运一批猪，空圈后要清洗、消毒，种猪上床或调圈，要把空圈先冲洗后用广谱消毒药消毒，产房每断奶一批、育成每育肥一批、育肥每出栏一批，先清扫，再用火碱雾化消毒1小时后冲洗，再进行熏蒸消毒。

第四，注意通风换气，冬季既要做到保温，又要保持舍内空气良好。冬季可用风机通风5～10分钟(各段根据具体情况通风)；夏季注意通风防暑降温，排出有害气体。

第五，生产垃圾，如使用过的药盒、药瓶、疫苗瓶、消毒瓶、一次性输精瓶等，应妥善放在一处，适时统一销毁处理。料袋能利用的返回饲料厂，不能利用的焚烧掉。

第六，舍内的整体环境卫生包括顶棚、门窗、走廊等平时不易打扫的地方，每次空舍后彻底打扫1次，不能空舍的每1个月或每季度彻底打扫1次。舍外环境卫生每1个月清理1次。猪场道路和环境要保持清洁卫生，保持饲槽、水槽、用具干净，地面清洁。

三、注射技术

第一，选用10毫升或20毫升金属注射器，也可使用连续注射器或无针头注射器。

第二，注射部位有颈部（位置在耳后、肩胛前与项脊形成的巴掌大的三角区内）、臀部和后腿内侧等几处供选择，要求轮换选点，不在一点重复接种。

第三，吸入疫苗液，排出气泡，调节用量。稀释疫苗时，注意注射器松紧合适，不要外漏。真空瓶时，不需要推注射器，控制注射器推进速度，稀释剂自行进入，防止爆裂。其他瓶类，尤其液体疫苗，一般在疫苗瓶上插一公共注射针，吸取疫苗后，套用其他针头。稀释吸取疫苗，不要疫苗瓶向外冒气泡，也不要负压吸不出。吸取疫苗时要吸干净所有疫苗，不准在猪舍排空疫苗。

第四，注射前对注射部位进行消毒。

第五，注射时将注射器垂直刺入肌肉深处。

第六，注射完毕拔出针头、消毒、轻压术部。注射要求一猪一针，针针消毒；仔猪坚持按窝换针和一筒一针。

四、兽药使用技术

（一）药物使用原则

1. 使用国家许可使用的药物　使用的兽药必须是经过农业部批准可用于猪防病治病的药物，不可使用未经批准的药物。国家法律规定禁止在猪饲养过程中使用的药物有：人用药品、兽药原料药、过期或变质兽药、假劣兽药，或变质兽药、假劣兽药、未经农业部批准的兽药。在标准化养猪中需要使用药物时，严格按照《无公害食品生猪饲养兽药使用准则》(NY 5031—2001)执行。

2. 按照国家规定的方法使用 不可将激素类药品添加到猪饲料和饮用水中使用。经批准可以在猪饲料中添加的兽药，应当由兽药生产企业制成药物饲料添加剂后方可添加使用。用于治疗的药物，不可作预防性长时间添加使用；药品说明书上标识为“药添字”的兽药，可长时间使用。对农业部规定实行处方药管理的兽药，不可随意使用，需要时应凭国家职业兽医开具的处方购买使用。

3. 严格执行药物停药期 有些经批准可使用的药物，残留在猪产品中达到一定量时，对食用者仍然有危害作用，所以使用这些兽药的肉猪，仍然有危害作用，应在停药后饲养一段时间方可出售屠宰。具体这段停药时间有多长，因药物不同而不同，应细致查看所用兽药的使用说明书规定。

4. 选用绿色无公害兽药饲料添加剂 目前，我国饲料添加剂可分三大类，一类是营养性饲料添加剂；一类是具有防病治病作用的饲料添加剂，这类属于兽药饲料添加剂；还有一类是具有保健和提高动物抗病力的饲料添加剂，如微生态制剂、酶制剂、寡糖类制剂和糖类制剂，这类饲料添加剂和营养性饲料添加剂一样，不引起细菌等病原产生抗药性，不危害食品安全，属于绿色无公害饲料添加剂。

5. 坚持不用或少用预防性药物 目前，我国允许在商品饲料中添加合法的药物饲料添加剂，因此使用市售饲料时，必须了解查清饲料中所含的药物，避免盲目用药和重复用药。

6. 对因用药 给猪选用预防性药物时，根据周围环境中和饲养场内存在的病原种类来确定，不同的病原应选用不同的药物。调查病原的方法：一是本场以往发生的主要疫病，二是向周边养猪场发生过的主要疫病，三是了解场内猪群的来源地存在的主要疫病，四是必要时应通过实验室方法检测饲养场内场地上、用水中和空气中的主要病原体。

7. 特殊情况下的不用药原则　①无法治疗的病猪不治；②治疗费用高的病猪不治；③治疗费工费时的病猪不治；④治愈后经济价值不高的病猪不治；⑤传染性强、危害大的病猪不治；⑥法律、法规规定需无害化处理的病猪不治。

(二)用药方法

①定期开展药敏试验；②科学给药；③正确计量，均匀添加；④准确使用剂量和把握疗程；⑤实施轮换用药；⑥联合用药注意配伍禁忌。

五、免疫接种技术

(一)制订标准的免疫程序

免疫程序是根据猪群的免疫状况和传染病的流行情况及季节，结合各猪场的具体疫情而制订的预防接种计划。由于各猪场的疫病流行情况各不相同，因此各场应根据各自情况制订相应的免疫计划，建立免疫档案，并做好免疫标识的佩戴。不同季节、不同生产阶段应做好常见病、多发病的预防工作，做到早发现、早诊断、早治疗。以下免疫程序，供各场在制订免疫程序时参考。

1. 必须防疫的疫病

(1)猪瘟　选用猪瘟兔化弱毒疫苗，肌内注射。仔猪首免日龄根据本场母源抗体消长规律确定，二免根据首免后的抗体水平来确定。一般情况下仔猪20～25日龄首免，2～4头份；60～65日龄二免，4头份。后备猪配种前免疫1次，剂量6头份。种公猪每年春(3～4月份)、秋(9～10月份)两季免疫猪瘟细胞苗，剂量6头份。种母猪配种前免疫，剂量6头份。使用组织苗1头份即可。

对猪瘟病威胁严重的猪场或发病猪场，短期可使用超前免疫，即仔猪生后每头注射猪瘟零免疫苗1头份，1.5小时后再吃初乳。

(2)口蹄疫　选用口蹄疫高效灭活疫苗，后海穴或肌内注射。仔猪60日龄首免2毫升，90日龄二免3毫升。后备种猪配种前免疫1次，剂量4毫升。经产母猪产前45天免疫1次，4～5毫升。种公猪每4个月免疫1次，4～5毫升。

(3)伪狂犬病　选用伪狂犬基因自然缺失活疫苗，肌内注射。仔猪免疫1头份，时间根据母源抗体水平决定，一般在55～70日龄。后备猪配种前免疫两次，间隔2周，剂量1头份。种公猪每半年免疫1次，剂量1头份。母猪配种前和产仔前各免疫一次，剂量1头份。

(4)细小病毒病　初配公、母猪配种前42天与21天分别免疫细小病毒病疫苗，二胎配种前再免疫1次，剂量2头份。

(5)乙型脑炎　初配公、母猪150日龄免疫1次，间隔2～3周再免疫1次，剂量2头份。种公、母猪每年3月份普遍免疫1次，剂量2头份。

2. 根据各场猪病流行情况，可选择防疫的疾病

(1)猪繁殖与呼吸综合征　选用猪繁殖与呼吸综合征弱毒活疫苗，肌内注射。仔猪30～35日龄免疫1次，剂量1头份。后备种猪配种前免疫2次，间隔2周，剂量1头份。种母猪妊娠55～65天，免疫1次，剂量1头份。种公猪春、秋两季各免疫1次，剂量1头份(根据本场情况，避免因注射疫苗带进不同型号的毒株)。

(2)猪霉形体肺炎病　仔猪7～10日龄，剂量1头份，活苗胸腔注射。后备猪配种前，免疫1头份；种公、母猪每年春、秋两季各免疫1次，剂量1头份。灭活苗肌内注射。

(3)链球菌病　仔猪25日龄、45日龄，链球菌苗1头份，两次注射免疫。种公、母猪每年春、秋季各免疫1次，剂量2头份。

(4)萎缩性鼻炎　仔猪28～30日龄进行萎缩性鼻炎疫苗免疫，肌内注射1头份。母猪临产前4周肌内注射1.5头份。

(5)大肠杆菌病　选用猪大肠杆菌基因缺失多价苗,后海穴或肌内注射。仔猪18日龄、母猪产前18～21天肌内注射大肠杆菌多价疫苗1头份(卫生条件好,不应注射疫苗)。

(6)仔猪副伤寒　仔猪在28～35日龄,肌内注射仔猪副伤寒活疫苗1头份。

(7)猪流行性腹泻、传染性胃肠炎　选择猪流行性腹泻、传染性胃肠炎二联疫苗,后海穴或肌内注射。每年10月份,全场普遍免疫两次,间隔2周,大、中猪4毫升,仔猪(20～70日龄)2毫升。

需要注意的是,注射疫苗后,如果出现免疫反应,应立即注射肾上腺素或地塞米松给以解敏。

(二)制订免疫接种操作规程

第一,猪群的免疫接种工作应指定专人负责,包括免疫程序的制订,疫苗的采购和贮存,免疫接种时工作人员的调配和安排等。根据免疫程序的要求,有条不紊地开展免疫接种工作。

第二,疫苗需专人负责保管,活疫苗要求在低温冰冻的条件下运输和贮存,灭活苗只需在4℃左右的普通冰箱内贮存。

第三,疫苗使用前要逐瓶检查苗瓶有无破损,封口是否严密,标签是否完整,有效日期、使用方法、头份是否记载清楚,要有生产厂家、批准文号和检验号等,以便备查,避免伪劣产品。

第四,免疫接种工作必须由兽医防疫人员执行,接种前要对注射器、针头、镊子等器械进行清洗和煮沸消毒。备有足够的碘酊棉球、稀释液、免疫接种记录本和肾上腺素等抗过敏药物。

第五,免疫接种前应检查了解猪群的健康状况,对于精神不良、食欲欠佳、呼吸困难、腹泻或便秘的猪只暂不能接种。

第六,对哺乳仔猪、保育猪进行免疫接种时,需要饲养员协助保定,保定时应做到轻抓轻放。接种时动作快捷、熟练,尽量减少应激。

第七，免疫接种时应按照说明书的要求进行（个别疫苗需增加免疫剂量）。种猪和紧急免疫接种要求一猪换一针头，哺乳仔猪和保育猪一圈换一针头，注射部位先消毒后接种，用过的棉球和疫苗空瓶，回收集中处理。

第八，免疫接种的时间应安排在猪群喂料以前空腹时进行，免疫接种后2小时内要有人巡视检查，遇有过敏反应的猪立即用肾上腺素等抗过敏药物抢救。

六、疫病诊断控制技术

第一，饲养员认真执行饲养管理制度，细致观察饲料有无变质、猪采食情况和健康状态、排粪（尿）有无异常以及精神状况等，并及时测量体温，发现不正常现象，请兽医检查。

第二，猪场要建立有一定诊断和治疗条件的兽医室，建立健全免疫接种、诊断和病理剖检纪录。根据疫病的发病特点，采用临床诊断、流行病学诊断、病理学诊断、病原学诊断和免疫学诊断等方法，及时做出诊断，并制订相应的防治措施。

第三，饲养员认真执行防治措施，根据处方领取药物，按照兽医制订的方法对病猪进行治疗，并对疗程、疗效、药物反应等做好详细记录。

第四，加强病猪的护理工作。应供给病猪充足的饮水，新鲜易消化的高质量饲料，少喂勤添，必要时人工灌服等。

七、驱虫技术

（一）猪场常见寄生虫

1. 猪蛔虫病　猪蛔虫是寄生于猪小肠中最大的一种线虫。雄虫长15～25厘米，尾端向腹面弯曲，形似鱼钩；雌虫长20～40

厘米，虫体较直，尾端稍钝。虫卵随粪便排出，在饮水和吃料时被猪吞食，在小肠中孵化，并进入肠壁的血管，随血液被带到肝脏、肺脏。幼虫随肺毛细血管进入肺泡并发育，然后经气管、支气管上行后，随黏液进入会厌，再经食道进入小肠，发育成成虫。

病猪一般生长缓慢、消瘦、黄疸、咳嗽，粪便带血。大量感染时，肝脏内有大量幼虫，造成肝脏坏死变性，在肝脏表面形成大小不等的乳白色的斑点，俗称“蛔虫斑”，并形成蛔虫性肺炎，猪剧烈喘咳，呼吸困难，肺表面有暗红色出血点。严重时大量成虫虫体阻塞肠管，引起死亡。

2. 毛首线虫病　又称猪鞭虫病。猪鞭虫呈乳白色，雄虫长20～52毫米，雌虫长39～53毫米，前部细长，后部短粗，外观似马鞭。成虫在盲肠产卵，卵随粪便排出体外，在外界发育成感染性虫卵。感染性虫卵被猪吞食，在小肠中孵出幼虫，在盲肠、结肠黏膜上发育成成虫。

3. 猪弓形虫病　弓形虫病是一种重要的人兽共患寄生虫病，可感染包括人在内的200多种动物，其中以猪的感染率最高，是本病的主要传染源。集约化猪场中大规模暴发流行已较少见，感染猪没有明显临床症状，可导致妊娠母猪流产或产死胎。偶有地方性暴发流行。弓形虫的生活史包括有性生殖和无性生殖两个阶段。有性生殖阶段在猫科动物的小肠上皮内进行，形成的卵囊随粪便排出体外，在外界发育成熟后具有感染力，被猪吞食而感染。10～50千克的仔猪发病严重。病猪突然废食，初期便秘，排干粪球，粪便表面覆盖有黏液，有的病猪后期腹泻，排水样或黏液性或脓性恶臭粪便。体温41℃以上，稽留热7～10天，呼吸困难，眼出现脓性分泌物。严重时，耳郭、鼻端、下肢、股内侧出现紫红色斑，有的耳郭上形成痂皮或干性坏死。体表淋巴结，尤其是腹股沟淋巴结明显肿大，耳、鼻、蹄与胸腹下部出现淤血斑，或有较大面积的发绀。病重者于发病1周左右死亡。

4. 猪球虫病　由艾美耳属和等孢属球虫引起。猪球虫在宿主体内进行无性世代和有性世代两个世代的繁殖，在外界环境进行孢子生殖。

猪球虫主要寄生于空肠和回肠，导致肠上皮细胞坏死、脱落，肠黏膜上常有异物覆盖。7～21日龄的仔猪多发，成年猪多为携带者。发病仔猪主要表现为腹泻，恶臭，初为黏性，1～2天后排水样粪便，腹泻可持续4～8天，粪便白色至黄色，呈水样或糊状。导致仔猪脱水、失重，在伴有传染性肠炎、大肠杆菌和轮状病毒感染情况下往往造成仔猪死亡。即使存活，仔猪的生长发育也会受阻。剖检时，以空肠和回肠的急性肠炎为特征。缺乏经验的兽医经常误诊为细菌性腹泻，应用抗生素药物治疗无效。

5. 猪疥螨病　疥螨是不完全变态的节肢动物，生活史包括卵、幼虫、稚虫和成虫4个阶段。雌、雄虫在猪的皮下掘成5～15毫米的隧道，在里面生长繁殖。由于刺激神经末梢，引起皮肤剧痒。疥螨病通常先侵害耳部、头部，产生大量皮屑，局部脱毛，出现过敏性皮肤丘疹，逐渐蔓延全身。严重时有液汁渗出，形成痂皮。病猪以剧烈皮痒为特征，躁动不安，生长缓慢。规模化饲养，由于猪群密度大，疥螨传播很快。

疥螨挖掘隧道，破坏猪皮肤屏障；猪擦痒磨损皮肤，增加感染机会；患猪烦躁不安，影响休息与增重；降低饲料报酬，增加饲养成本。疥螨病灶通常起始于眼周、颊部、臀部及耳部，以后蔓延到背部、躯干两侧、后肢及全身。病猪食欲减退，生长缓慢，逐渐消瘦，甚至死亡。

6. 猪虱　猪虱个体很大，雄虱长5毫米，雌虱长4毫米，灰黄色，常寄生在猪的耳根、颈部、肋部、后肢内侧等皮肤皱褶中，使猪烦躁不安。感染严重时，病猪生长缓慢，还可成为其他传染病的媒介。

7. 其他寄生虫病　寄生虫病猪结肠小袋纤毛虫、猪旋毛虫、蚊、蝇等寄生虫在规模化猪场里危害也较大。

(二)猪场常用驱虫药物

凡能将肠道寄生虫杀死或驱出体外的药物，均称为驱虫药物。服用驱虫药物可麻痹或杀死虫体，使寄生虫排出体外。集约化猪场在确定了驱虫模式后，应根据寄生虫种类，科学选择驱虫药以达到彻底控制寄生虫病的发生。目前在我国应用较多的驱虫药主要有以下几类。

1. 有机磷酸酯类　系低毒有机磷化合物，常用做杀虫药和驱虫药，主要有敌百虫、敌敌畏、蝇毒磷等，其中以敌百虫应用较多。

敌百虫为广谱驱虫药，对多种猪消化道线虫如猪蛔虫、毛首线虫、食道口线虫均有驱除作用，外用还可杀灭体外寄生虫，如螨、虱、蚤、蜱等。敌百虫按 80～100 毫克/千克体重混料投服，外用可按 1%浓度涂擦或喷雾。敌百虫毒性较大，安全范围窄，使用时注意勿超量，妊娠母猪及胃肠炎患猪禁用，并不要与碱性药物配合应用。由于此类药物毒性和副作用较大，而且驱虫效果不够理想，所以近些年使用者逐渐减少。此药的停药期为 7 天。

敌百虫使用注意事项：①因毒性大，不要随意加大剂量；②其水溶液应现配现用，禁止与碱性药物或碱性水质配合使用；③用药前后，禁用胆碱酯酶抑制药(如新斯的明、毒扁豆碱)、有机磷杀虫剂及肌肉松弛药(如琥珀胆碱)，否则毒性大大增强；④妊娠母猪及胃肠炎患猪禁用；⑤休药期不得少于 7 天。

2. 脒类化合物　为合成的接触性外用广谱杀虫药，主要使用的是双甲脒，为结晶性粉末，在水中几乎不溶解，所以多制成乳剂应用，如双甲脒乳油。它对各种螨、虱、蜱、蝇等均有杀灭作用，且能影响虫卵活力，对人、畜无害，外用时，可做喷洒、手洒、药浴等。使用时配成 0.05%溶液，常用于喷洒猪体及畜舍地面和墙壁等处。此药停药期为 7 天。

3. 咪唑丙噻唑类 目前在兽医临床上应用的主要是左旋咪唑，它属广谱、高效、低毒的驱线虫药，对猪蛔虫、食道口线虫有良好的驱除效果。左旋咪唑有片剂、针剂和透皮剂等多种剂型。内服或注射的剂量均为 7.5 毫克/千克体重，注射于皮下或肌肉。注射液对局部有一定的刺激性，同时常引起精神不振、流涎、咳嗽等症状，但如果猪感染有猪肺丝虫（猪后圆线虫）时，流涎、咳嗽有助于加速虫体的排出。此药的停药期为 7 天。

左旋咪唑使用注意事项：①左旋咪唑可引起肝功能变化，肝病患猪禁用；②本品中毒症状似胆碱酯酶抑制剂，阿托品可解除中毒时的 M-胆碱样症状；③肌内注射或皮下注射时，对组织有较强的刺激性；④内服给药的休药期不得少于 3 天，注射给药的休药期不得少于 7 天。

4. 苯丙咪唑类 属于广谱、高效、低毒的驱虫药。此类药物有多种，但在兽医临床使用最广泛的是阿苯哒唑（又名丙硫苯咪唑、抗蠕敏），还有芬苯哒唑、甲苯哒唑、奥芬哒唑、丙氧苯哒唑、氟苯哒唑和三氯苯哒唑等在临床上应用，并且有的制成复合制剂使用。此类药物对许多线虫、吸虫和绦虫均有驱除效果，并对某些线虫的幼虫有驱杀作用，对虫卵的孵化也有抑制作用。阿苯哒唑给猪的内服量为 10～30 毫克/千克体重。阿苯哒唑适口性较差，混饲投药时应每次少添，分多次投服，该药有致畸的可能性，应避免大量连续应用。此药的停药期为 14 天。

5. 大环内酯类 主要包括阿维菌素、伊维菌素、多拉菌素、埃普利诺菌素等阿维菌素类和摩西菌素、杀线虫菌素、杀螨菌素 D、杀螨菌素肟等杀螨菌素。此类驱虫药属于较新的广谱、低毒、高效的药物，其突出优点在于它对畜禽体内、外寄生虫同时具有很高的驱杀作用，它不仅对成虫，还对一些线虫某阶段的发育期幼虫也有杀灭作用。这类药物在畜禽驱虫药中以阿维菌素类为代表，主要包括有阿维菌素、伊维菌素及多拉菌素等。由于猪蛔虫及猪疥螨是各猪场感染率最高、危害最重的寄生虫，所以这类对猪首要危害的内、外寄生虫同时具有驱杀和杀灭作用的药物，具有很高的实用价值。但是许多猪场和养猪户对此类药的认识和使用技术、驱虫方案等，存在认识和技术方面的不足，致使这种较为理想的驱虫药，不能充分发挥它的优良作用。

(1)阿维菌素 具有可同时驱除猪体内、外寄生虫的优点，它对内寄生虫的胃肠道线虫，如猪蛔虫、猪胃圆线虫、猪食道口线虫(结节虫)和猪毛首线虫(鞭虫)等的成虫和大部分的第四期幼虫以及肺线虫病的猪后圆线虫(肺丝虫)、猪冠尾线虫(猪肾虫)的成虫都具有驱杀作用，同时对猪体表猪疥螨和猪血虱也有很好的杀灭作用，但对它们的卵没有杀灭作用。阿维菌素类对绦虫和吸虫、结肠小袋纤毛虫、猪球虫等没有作用。

阿维菌素类驱虫药的剂型有口服剂、注射针剂和外用浇泼剂等。口服剂型有粉剂、片剂、胶囊、糊剂等，其中以纯粉制成的0.2%或1%的口服预混剂较为常用，混入饲料中内服较为方便。针剂的生物利用度最高，且它本身具有缓释作用，并在注入皮下后药物与皮下脂肪结合可起到一定缓释作用，这样它除了对已感染的寄生虫起到驱杀治疗作用外，还因血药浓度能维持时间较长，所以还可保护猪在一定时间内不会因环境污染寄生虫而再感染，起到了治疗和预防的双重效果。再者，针剂投药较口服投药的剂量准确，所以在有条件时最好以使用针剂注射为首选。

(2)伊维菌素 是在阿维菌素基础上改进的，它的优点是降低了毒性，所以应尽量选用伊维菌素，但是伊维菌素的市售价格略高于阿维菌素。伊维菌素注射剂对猪多用1%的制剂，一般可按每10千克体重0.3毫升计算，要用短针头注射于皮下，不要注入肌肉或血管内；国产制剂对局部的刺激略大于进口产品。注射剂的使用程序一般可在仔猪40日龄左右、后备猪配种前、妊娠母猪产前2周时各注射1次，但在感染较重的猪场应在转入育肥舍时增加注射1次，以及繁殖母猪于配种时也加注1次，对种公猪每年注射3～4次。种猪尤其是种公猪患有顽固性疥癣，如局部结有厚痂、久治不愈的，可增加注射剂量和用药次数：每疗程可用1%伊维菌素按每10千克体重0.4毫升用量，每隔5～7天注射1次，连续应用直至痊愈。口服粉剂多用0.2%预混剂，对小猪群或一次性驱虫时，一般按每30千克体重5克的用量混入饲料中一次性投服。如按全场性驱虫方案并为提高驱虫效果则最好采用分次投服的方法，应根据猪的日龄按每吨饲料拌入0.2%预混剂计算：对保育猪、生长育肥猪和种猪分别按1.5千克/吨饲料、2千克/吨饲料和2.5千克/吨饲料的用量使用；对感染严重的种猪用量可增加到3.5千克/吨饲料。上述各剂量如折合成纯粉则约每千克体重为0.1毫克，或每千克饲料含2毫克，使用上述各剂量的猪群均应拌料连续饲喂7天。投药时间应在繁殖母猪分娩前3周和配种前各1次，后备母猪在配种前1次，种公猪每年3～4次，转入育成舍的仔猪也应投药1次。在制定和执行驱虫方案时要特别注意，首次驱虫要统一对全场所有的猪(除吃奶仔猪)同时投药，以切断感染源，这样可收到事半功倍的效果。据试验，严格的两次全场性驱虫，可将猪蛔虫在环境中的污染率由70%降低为接近于零。再者，分娩母猪是所产仔猪感染寄生虫的重要来源，产前的药物驱虫可打破母仔间的传播环节，所以母猪的产前驱虫是控制猪寄生虫传播的关键策略。

伊维菌素使用注意事项：①皮下注射有局部刺激作用；②皮下注射休药期不少于28天，混饲给药休药期不少于5天。

(三)驱虫技术操作程序

1. 药物选择 应选择高效、安全、广谱的抗寄生虫药。伊维菌素和阿维菌素的各种制剂为首选药。

2. 常见蠕虫和外寄生虫的控制程序

首次执行该程序时，应首先对全场猪群进行彻底的驱虫。

(1)妊娠母猪　产前1～4周用1次抗寄生虫药。

(2)种公猪　每年至少用药2次；对外寄生虫感染严重的猪场，每年应用药4～6次。

(3)仔猪　转群时用药1次。

(4)后备母猪　在配种前用药1次。

(5)新引进的猪　用伊维菌素和阿维菌素治疗两次(每次间隔10～14天)后，并隔离饲养至少30天才能和其他猪并群饲养。

八、疫苗、药品管理

(一)疫苗、药品购买

第一，疫苗、药品购买前应检查药品的名称、厂家、批准文号、批号、有效期(失效期)、物理性状、贮存条件等是否与说明书相符。仔细查阅使用说明书与瓶签是否相符，明确装置、稀释液、每头剂量、使用方法及有关注意事项，并严格遵守，以免影响效果。对过期、无批号、油乳剂破乳、失真空及颜色异常或不明来源的疫苗禁止购买使用。

第二，防疫人员根据各类疫苗、药品的库存量、使用量和疫苗、药品的有效期等确定阶段购买量。一般提前2周，以2～3个月的用量为准。并注明生产厂家、出售单位和疫苗质量(活苗或死苗)。

第三，采购员要在上报3天之内将疫苗购回。

(二)疫苗、药品保存

第一，保管员接到疫苗、药品后要清点数量，逐瓶检查苗瓶有无破损，瓶盖有无松动，标签是否完整，并记录生产厂家、批准文号、检验号、生产日期、失效日期、药品的物理性状与说明书是否相符等，避免购入伪劣产品。

第二，仔细查看说明书，严格按说明书的要求贮存。

第三，定时清理过期的疫苗、药品，药房要保持清洁和存放有序。

第四，药房应有购进、使用、库存清单。

（三）疫苗、药品使用

1. 使用前

第一，疫苗、药品使用前要逐瓶检查疫苗瓶有无破损，封口是否严密，头份是否记载清楚，物理性状是否与说明书相符，以及有效期，生产厂家。

第二，疫苗接种前应向兽医和饲养员了解猪群的健康状况，有病、体弱、食欲和体温异常者，暂时不能接种。不能接种的猪，要记录清楚，适当时机补种。

第三，疫苗、药品使用前对注射器、针头、镊子等进行清洗和煮沸消毒，备足酒精棉球或碘酊棉球，准备好稀释液、记录本和肾上腺素等抗过敏药物。

第四，疫苗、药品使用前后，尽可能避免一些剧烈操作，如转群、采血等，防止猪群应激影响免疫效果。

2. 疫苗稀释

第一，对于冷冻贮藏的疫苗，如猪瘟苗稀释用的生理盐水，必须提前至少 1 天放置在冰箱冷藏，或稀释时将疫苗同稀释液一起放置在室温中停置数分钟，避免两者的温差太大。

第二，稀释前先将苗瓶口的胶蜡除去，并用酒精棉消毒晾干。

第三，用注射器取适量的稀释液插入疫苗瓶中，无需推压，检查瓶内是否真空（真空疫苗瓶能自动吸取稀释液），失真空的疫苗应废弃。

第四，根据免疫剂量、计划免疫头数和免疫人员每小时工作量来决定疫苗的稀释量和稀释次数，做到现配现用，稀释后的疫苗在1～3小时用完。

第五，不能用凉开水稀释，必须用生理盐水或专用稀释液稀释。稀释后的疫苗，放在有冰袋的保温瓶中，并在规定的时间内用完，防止长时间暴露在室温中。

3. 疫苗使用前后的用药问题

第一，防疫前的3～5天可以使用抗应激药物、免疫增强保护剂，以提高免疫效果。

第二，在使用活病毒苗时，用苗前后严禁使用抗病毒药物。同时，防疫前后10天内不能使用抗生素、磺胺类等抗菌、抑菌及激素类药物。

4. 疫苗、药品使用以后

第一，及时认真地填写疫苗、药品使用记录，包括疫苗、药品名称、使用日期、舍别、猪别、日龄、头数、剂量、疫苗性质、生产厂家、批准文号、批号、有效期、接种人、备注等。每批疫苗、药品最好存放1～2瓶，以备出现问题时查询。

第二，失效、作废的疫苗、药品，用过的疫苗、药品瓶，稀释后的剩余疫苗、药品等，必须妥善处理。处理方式包括用消毒剂浸泡、煮沸、烧毁、深埋等。

第三，有的疫苗、药品注射后能引起过敏反应，有的仔猪注射0.5小时后会出现体温升高、发抖、呕吐和减食等症状，一般1～2天后可自行恢复，故需详细观察1～2日，尤其接种后2小时内更应严密监视，遇有过敏反应的可注射肾上腺素或地塞米松等抗过敏解救药。

第四，有的疫苗、药品注射后应激反应较大，造成部分猪只采食量降低，甚至不吃或体温升高，应供给电解质水、口服补液盐或熬制的中药液饮用。尤其是保育舍仔猪，免疫接种后采取以上措施能减缓应激。

第五，接种疫苗后，活苗经 7～14 天，灭活苗经 14～21 天才能使机体获得免疫保护，这期间要加强饲养管理，尽量减少应激因素，加强环境控制，防止饲料霉变，搞好清洁卫生，避免强毒感染。

第六，如果发生严重反应或怀疑疫苗、药品有问题引起死亡的，应尽快向生产厂家反映或冷藏包装同批次的制品 2 瓶寄回厂家，以便查找原因。

5. 疫苗接种效果的检测

第一，一个季度抽血分离血清进行一次抗体监测，当抗体水平合格率达不到时应补注一次，并检查其原因。

第二，疫苗的进货渠道应当稳定，但因特殊情况需要换用新厂家的某种疫苗时，在疫苗注射后 30 天即进行抗体监测。抗体水平合格率达不到时，则不能使用该疫苗，改用其他厂家疫苗进行补注。

第三，注重在生产实践中考查疫苗的效果。如长期未见初产母猪流产，说明细小病毒病疫苗的效果尚可。

九、病死猪无害化处理技术

生猪标准化规模养殖场（小区）应及时隔离病猪，对病死猪及其产品实行无害化处理。严禁将病死猪出售、丢弃或作为饲料再利用。严格按照《畜禽病害肉尸及其产品无害化处理规程》（GB 16548）的有关规定进行处置。可以通过焚毁、化制、掩埋，或其他物理、化学、生物学等方法将病死猪及其产品或附属物进行处理，以彻底消灭其所携带的病原体，达到消除病害因素，保障人畜健康安全的目的。

（一）焚烧法

焚烧法是一种高温热解处理技术，即以一定量的过量空气与被处理的病死猪在焚烧炉内进行氧化燃烧反应，在 800℃～

1200℃的高温下氧化、热解。搬运尸体的时候，要用消毒药浸湿的棉花或布把死猪的肛门、嘴、鼻孔、耳朵堵塞，防止血水等流在地上，应用封闭车运到烧埋场地。

优点：高温焚烧可消灭所有有害病原微生物。

缺点：①需消耗大量能源。据了解，采用焚烧炉处理200千克的病死动物，至少需要燃烧8升/时的柴油；②占用场地大，选择地点较局限。应远离居民区、建筑物、易燃物品，上面不能有电线、电话线，地下不能有自来水、燃气管道，周围有足够的防火带，位于主导风向的下方，避开公共视野；③焚烧产生大气污染，包括灰尘、一氧化碳、氮氧化物、酸性气体等，需要进行二次处理，增加处理成本。

(二)深埋法

深埋法是一种挖深坑掩埋病死猪的方法。坑深不得少于2米，坑底铺2～5厘米厚的石灰，并将尸体放入，将污染的土层、捆尸体的绳索一起抛入坑内，然后再铺2～5厘米厚的石灰，用土覆盖，覆盖土层厚度不少于1.5米。尸体掩埋后，与周围持平，填土不要太实。

优点：成本投入少，仅需购置或租用挖掘机。

缺点：①占用场地大，选择地点较局限。应远离居民区、建筑物等偏远地段；②处理程序较繁杂，需耗费较多的人力进行挖坑、掩埋、场地检查；③使用漂白粉、生石灰等消毒、灭菌，效果不理想，存在爆发疫情的安全隐患；④造成地表环境、地下水资源的污染问题。

(三)化尸池法

化尸池是在猪场建一个水泥池子，猪的胎衣、胎盘和病死猪都可以扔到里面，撒点石灰或者烧碱，然后盖上盖子等待尸体自然腐烂。池子可以做成圆形或方形。做法有两种:一种是全部用水泥密封,另一种是只留底部不密封,让死猪与土壤接触,尸体腐烂后渗入地底。

优点:化尸池建造施工方便,建造成本低廉。

缺点:①占用场地大,化尸池填满病死畜禽后需要重新建造;②选择地点较局限,需耗费较大的人力进行搬运;③灭菌效果不理想;④造成地表环境、地下水资源的污染问题。

(四)化制法

化制法是利用化制机在高温、高压的方式下将病死猪彻底灭菌,然后经过烘干脱水、压榨脱脂、粉碎成分等程序完全分解为油脂和骨肉粉末的一种方法。

优点:①处理后成品可再次利用,实现资源循环;②高温、高压可使油脂熔化和蛋白质凝固,杀灭病原体。

缺点:①设备投资成本高;②占用场地大,需单独设立车间或建场;③化制产生废液污水,需进行二次处理。

化制法可分为土灶炼制、湿炼制和干炼制三种。

1. 土灶炼制 用土灶炼油是最简单的炼制方法。炼制时锅内先放 1/3 清水煮沸,再加入用作化制的脂肪和肥膘小块,边搅拌边将浮油撇出,最后剩下渣子,用压榨机压出油渣内油脂。这种方法不适用患有烈性传染的肉尸。

2. 湿炼法 是用湿压机或高压锅进行处理患病动物和废气物的炼制法。炼制时将高压蒸汽通入机内炼制,这种方法可以处理烈性传染的肉尸。

3. 干炼法 此方法需使用卧式带搅拌器的夹层真空锅。炼制时,将肉尸割成小块,放入锅内,蒸汽通过夹层,使锅内压力增高,升至一定温度,以破坏制物结构,使脂肪液化从肉中析出,同时也杀灭细菌。

湿炼法和干炼法需有一定设备，在大的肉类联合加工厂多采用。

（五）高温生物降解

利用微生物可降解有机质的能力，结合特定微生物耐高温的特点，将病死猪尸体及废弃物进行高温灭菌、生物降解成有机肥的技术。

优点：①处理后，成品为富含氨基酸、微量元素等的高档有机肥，可用于农作物种植，实现资源循环；②设备占用场地小，选址灵活，可设于养殖场内；③工艺简单，病死猪无需人工切割、分离，可整只投入设备中，加入适量微生物、辅料，启动运行即可；④处理过程无烟、无臭、无污水排放，符合绿色环保要求；⑤95℃高温处理，可完全杀灭所有有害病原体。

缺点：设备投资成本稍高，每台设备约 50 万元，散养户可能无法购置使用。

（六）生物发酵法

生物发酵法处理病死猪尸体属有氧发酵。发酵原料主要为发酵菌提供碳原，病死猪尸体主要提供氮原，发酵菌在充足的碳、氮组合环境中，迅速增殖发酵，产生温度，持续升高，温度达到 80℃左右时不再继续升高，并保持相对恒定，直至病死猪尸体全部分解后，温度逐渐下降。病死猪通过发酵处理后，尸体和骨骼全部分解，与发酵原料充分混合后，形成有机肥，处理效果非常好。

优点：①技术成熟，工艺简单；②一次投资，长期受益；③降低成本，省工省力；④处理彻底，不留隐患；⑤生态环保，良性循环。

在处理病死猪之前，处置人员必须要穿防护衣、胶筒靴，戴手套、口罩；处理完后，全身要用消毒药喷雾消毒，再把用过的防护用品统一深埋，胶筒靴要浸泡消毒半天后再使用，如果在处理的时候身体有暴露的部位，就要用酒精或碘酊消毒；如果皮肤有破损者不能参与处置。

移尸前要先用消毒药喷洒污染圈舍、周围环境、病死猪体表；再将病死猪装入塑料袋，套编织袋或不漏水的容器盛装；快要临死的猪，则要用绳索捆绑四肢，防止乱蹬，移尸时避免病死猪解除身体暴露部位。

圈舍、环境、场地的消毒药物可选用有效含氯酸、强碱等制剂，人体体表消毒可选用酒精、酚类等制剂；消毒喷洒程度，以被消毒物滴水为度；深埋病死猪的坑先撒消毒药、生石灰或烧碱，再抛病死猪，然后倒入加大浓度的消毒药浸尸体，覆土后再彻底消毒；移尸途经地必须彻底消毒；凡污染过的猪舍、用具、周围环境必须彻底、反复消毒，每天1次，连续1周以上。

第七章　生猪标准化生态养殖与环境保护

近年来，我国畜牧业发展对生态环境的影响日益显现，一些地方畜禽养殖污染势头加剧。2007 年畜禽粪污化学需氧量（COD）排放量达到 1 268.3 万吨，占全国 COD 总排放量的 41.9%。《农业部关于加快推进畜禽标准化规模养殖的意见》（农牧发[2010]6号）要求各地要坚持一手抓畜牧业发展，一手抓畜禽养殖污染防治，正确处理好发展和环境保护的关系。要结合各地实际情况，采取不同处理工艺，对养猪场实施干清粪、雨污分流改造，从源头上减少污水产生量；对于具备粪污消纳能力的畜禽养殖区域，按照生态农业理念统一筹划，以综合利用为主，推广种养结合生态模式，实现粪污资源化利用，发展循环农业；对于畜禽规模养殖相对集中的地区，可规划建设畜禽粪便处理中心（厂），生产有机肥料，变废为宝；对于粪污量大而周边耕地面积少，土地消纳能力有限的畜禽养殖场，采取工业化处理实现达标排放。各地在抓好畜禽粪污治理的同时，要按有关规定做好病死动物的无害化处理。

一、标准化规模养殖场（小区）废弃物处理

（一）畜禽粪污对环境的影响

1. 对水体和土壤的污染　畜禽养殖场的污水中含有大量的污染物质，其生化指标极高，如猪粪尿混合排出物的 COD 值达 81 000 毫克/升。高浓度畜禽有机污水排入江河湖泊中，将会造成水质不断恶化、敏感的水生生物逐渐死亡；畜禽污水中的高浓度

氮、磷是造成水体富营养化的重要原因。将畜禽粪便作为粪肥施入土壤,会增加土壤含氮量,一部分氮被植物吸收利用,多余的氮不仅随地表水或水土流失流入江河、湖泊污染地表水,还渗入地下而污染地下水。畜禽粪便污染物中有毒、有害成分进入地下水中,会使地下水溶解氧含量减少,水质中有毒成分增多,严重时使水体发黑、变臭、失去使用价值且极难治理恢复,造成持久性的污染。此外,未经处理的畜禽粪便及畜禽场污水过量施用农田可导致土壤孔隙堵塞,造成土壤透气、透水性下降及板结,严重影响土壤质量;并可使作物徒长、倒伏、晚熟或不熟,造成减产、甚至毒害作物出现大面积腐烂。

2. 对大气环境的污染 目前已发现猪粪尿中恶臭物质 160 多种,其中主要为氨气、硫化氢等。氨气主要由猪尿中所含的尿素降解产生。猪排泄的氮中,有 60%～80%是以尿氮的形式排放。尿素氮排泄出体外后会很快被粪中的脲酶分解成氨气。据研究,畜禽养殖场产生的恶臭气体对周围环境的污染甚至会殃及 200～500 米方圆内的区域。氨、硫化氢、甲基硫醇等恶臭物质在畜禽粪尿中的含量很高,会直接危害饲养人员及周围居民身体健康,并且也影响畜禽的正常生长。例如,氨具有刺激性气味,易溶于水,在猪舍中常被溶解或吸附在潮湿的地面、墙壁上,对人体黏膜刺激性大,易引起黏膜充血、喉头水肿、支气管炎等;硫化氢是一种无色、易挥发刺激作用很强的气体,易引起眼结膜炎、流泪、鼻炎、气管炎等。

3. 对人体健康和畜牧业发展的影响 粪便污染还会影响人体健康。畜禽粪便中的污染物中含有大量的病原微生物、寄生虫卵以及滋生的蚊蝇,会使环境中病原种类增多、菌量增大,出现病原菌和寄生虫的大量繁殖,造成人、畜传染病的蔓延。据分析,畜牧场所在地排放的每毫升污水中平均含 33 万个大肠杆菌和 69 万个肠球菌。在这样的环境中仔猪成活率低、育肥猪增重慢,阻碍了畜牧养殖业的发展。畜禽粪便污染地下水也会危害人体健康。畜禽粪便使得饮用水源(无论是地表水还是地下水)状况的恶化,特别是硝酸盐的增加,而硝酸盐能被转化成致癌物质。

(二)我国畜禽业污染现状

我国畜禽粪便产生量很大,1999 年产生量约为 19 亿吨,而我国各工业行业每年产生的工业固体废物约为 7.8 亿吨,畜禽粪便产生量是工业固体废弃物的 2.4 倍,部分地区如河南、湖南、江西这一比例甚至超过 4 倍,除北京、天津、上海等少数工业发达的城市地区外,大多数地区的值都超过了 1 倍以上。其中,规模化畜禽养殖场产生的粪便相对于工业固体废弃物的 27%,高的地区如山东、广东、湖南等地区甚至超过了 40%;而且,畜禽粪便含有极其庞杂的有机污染物,仅 COD 含量一项分别达 7 118 万吨,远远超过工业废水与生活废水 COD 排放量之和。畜禽养殖所带来的环境问题已是农村面源污染的主要方面。

最近几年,国家加大了粪污治理,许多生态养猪场先后建立及壮大,但粪污污染情况依然严重。

(三)我国畜禽养殖业污染产生原因

1. 农村产业结构调整,规模化畜禽养殖发展迅速　传统的家庭畜禽养殖,畜禽粪便可以作为有机肥料及时使用,一般不会产生严重的环境污染。但是,规模化畜禽养殖的情况完全不同,由于农牧脱节严重,畜禽粪便产生量大,过于集中,不可能完全实现合理的直接还田利用。我国由于土地制度的限制,绝大多数规模化畜禽场的建设没有相应的配套耕地,造成比较严重的农牧脱节现象;另一方面,我国规模化畜禽养殖的城郊化的发展也加剧了农牧脱节,导致污染严重。

2. 布局不合理　近 80%畜禽规模养殖场集中分布在东部沿

海地区和诸多大城市周围,中部地区不到总数的20%。南方地区畜禽场距离民房和水源较近,易对附近居民和水源造成环境影响。部分养殖场建立在城市郊区,甚至与城市周边城镇连为一体。畜禽场选址不当、缺乏管理,不仅对周边生态环境构成威胁,而且导致畜禽场与周围居民的严重环境纠纷。

3. 畜牧业的环境管理还处于相当薄弱的环节 畜牧业的产业发展和环境管理严重脱节。主要为:其一,相应的环境政策不足。尽管《畜禽养殖业污染防治技术规范》、《畜禽养殖业污染物排放标准》、《畜禽养殖污染防治管理办法》等已颁布实施,但由于缺乏推动效力以及地方的具体落实,这些规定未得到有效实施;有些省级以下部门,甚至将加强环境管理视为畜牧业发展的障碍。其二,环保部门与畜牧部门脱节。其三,大多数地区对规模化畜禽养殖的环境管理水平较低。我国污染潜力较大的畜禽养殖场的内部环境管理比较粗放,60%的养猪场缺乏干湿分离等必要的环境管理措施;而且对于环境治理的投资力度不足,80%左右的规模化养猪场缺乏必要的污染治理设施及投资。

(四)畜禽粪便处理及环境控制标准

国家环境保护部门2002年颁布并实施《畜禽养殖业污染防治技术规范》(HJ/T 81—2001)。本技术规范规定了畜禽养殖场的选址要求、场区布局与清粪工艺、畜禽粪便贮存、污水处理、固体粪肥的处理利用、饲料和饲养管理、病死畜禽尸体处理与处置、污染物监测等污染防治的基本技术要求。

2006年农业部颁布并实施《畜禽场环境质量及卫生控制规范》(NY/T 1167—2006)。本标准规定了畜禽场生态环境质量及卫生指标、空气环境质量及卫生指标、土壤环境质量及卫生指标、饮用水质量及卫生指标和相应的畜禽场质量及卫生控制措施。本标准适用于规模化畜禽场的环境质量管理及环境卫生控制。

2006年农业部颁布并实施《畜禽粪便无害化处理技术规范》(NY/T 1168—2006)。本标准规定了畜禽粪便无害化处理设施的选址、厂区布局、处理技术、卫生学指标及污染物监测和污染防治的技术要求。本标准适用于规模化养猪场、养殖小区和畜禽粪便处理场。

2006年农业部颁布并实施《畜禽场环境污染控制技术规范》(NY/T 1169—2006)。本标准规定了畜禽场选址、厂区布局、污染治理设施以及控制畜禽场恶臭污染、粪便污染、污水污染、病原微生物污染、药物污染、畜禽尸体污染等的基本要求和畜禽场环境污染检测控制技术。本标准适用于目前正在运行生产的畜禽场和新建、改建、扩建畜禽场的环境污染控制。

以上标准，规定了粪便处理的卫生学指标、环境卫生指标以及检测方法等。

(五)粪污污染防治技术

1. 养殖业污染治理遵循的原则

(1)无害化原则　即将畜禽养殖业的废弃物进行无害化处理，减少和消除其对环境、人畜健康的威胁和隐患，它是畜禽废弃物污染治理的前提。

(2)减量化原则　是畜禽废弃物污染治理的基础，即在畜禽养殖过程中通过各种方法的综合减少废弃物的发生。减量化技术必须从畜禽养殖的全过程通盘考虑，以减少排污量。

(3)资源化利用原则　它是畜禽粪便污染治理的核心。畜禽粪便含有未消化的营养物质和作物所需的多种养分，经适当处理后可用作肥料、饲料和燃料等。

(4)生态化发展原则　遵循生态学原理，通过食物链建立生态工程处理系统，以农牧结合、渔牧结合、农牧渔果结合等多种方式建立鱼、果、蔬、粮并举的生态畜牧农场，积极发展无公害食品、绿色食品和有机食品生产，使畜禽养殖业和农业种植、退耕还林、还草等生产模式有机结合，走生态农业的道路是最适合解决畜禽养殖业污染问题的经济有效途径。

(5)污染治理的经济适用原则　畜禽养殖业总体上讲是一个污染重、利润较低的行业，过高的治理成本必然减少养殖业的经济效益，严重损害畜禽养殖业主的利益，最终影响到畜禽养殖业的可持续发展。今后，我国应该借鉴发达国家的经验，适当对化肥生产、销售加以征税；对畜禽养殖场要在污染防治方面进行适当的补贴；对产业化的有机肥加工与销售企业实行免税或少征税的政策。

2. 应用生态营养理论从源头上减少污染　随着科技的不断进步，通过营养调控减少猪排泄物对环境的污染取得了明显进展。

选购符合生产绿色畜产品要求和消化率高、营养变异小的饲料原料，达到增重快、排泄少、污染少、无公害的目的，并注意选择有毒有害成分低、安全性高的原料。

力求准确估测动物不同生理阶段、环境、日粮配制类型等条件下对营养的需要量和养分消化利用率，设计配制出营养水平与动物生理需要基本一致的日粮。

按理想蛋白质模式，以可消化氨基酸含量为基础，配制符合动物生理需要的平衡日粮，提高蛋白质利用率，减少氮的排出。

提高饲料利用率，配制饲料时可选用植酸酶、蛋白酶、聚糖酶等酶制剂，促进营养物质的消化吸收，尤其在仔猪日粮中添加效果更佳。添加益生素，通过调节胃肠道内微生物群落，促进有益菌的生长繁殖，对提高饲料利用率、降低氮排泄量作用显著。合理添加抗生素对提高饲料利用率效果显著，但要注意选用高效、低吸收、无残留、不易产生抗药性的畜禽专用抗生素及其替代品，并严格执行用法用量，保证畜产品的安全卫生和减少排出量。

禁止使用高铜、高锌日粮。猪生长育肥后期降低饲料中铜、铁、锌、锰等元素的含量，限制使用洛克沙砷等的添加。

日粮中可添加中草药等除臭剂，减少动物粪便臭气的产生。

3. 改变养殖方式，减少环境污染　我国目前有发酵床养殖模式及常见水泥地面饲养模式。发酵床养殖模式为猪在含有锯末、稻壳、微生物等原料组成的发酵床上生长，粪污免清理，猪舍无臭味，粪污被发酵床中的微生物分解。废弃的发酵床垫料可作为有机肥使用。该工艺将养殖生产与粪污处理两环节结合起来，原位消纳粪污。缺点在于垫料投入成本高。

我国常见水泥地面饲养模式为猪在水泥地面上生长，猪排泄的粪污经人工或机械清理。优点在于猪舍建筑投资小，粪污易清理。缺点在于将养殖生产与粪污处理两环节分离，猪舍内臭味污染严重，猪排泄的粪污需要沼气处理或干燥粪便，设备投入较高。

4. 改变粪污清理工艺，减少养殖污染　目前，国内外主要有水冲粪、水泡粪、干清粪三种清粪工艺。《畜禽场环境污染控制技术规范》(NY/T 1169—2006) 中提倡采用干清粪工艺。

(1)水冲粪工艺　是粪尿污水混合进入缝隙地板下的粪沟，每天数次从沟端的水喷头放水冲洗。粪水顺粪沟流入粪便主干沟，进入地下贮粪池或用泵抽吸到地面贮粪池。该工艺的主要目的是及时、有效地清除猪舍内的粪便、尿液，保持猪舍环境卫生，减少粪污清理过程中的劳动力投入，提高养猪场自动化管理水平。缺点是耗水量大，一个万头养猪场每天需消耗大量的水（200～250米^3）来冲洗猪舍的粪便。污染物浓度高。固液分离后，大部分可溶性有机质及微量元素等留在污水中，污水中的污染物浓度仍然很高，而分离出的固体物养分含量低，肥料价值低。该工艺技术上不复杂，不受气候变化影响，但污水处理部分基建投资及动力消耗很高。

(2)水泡粪工艺　是在水冲粪工艺的基础上改造而来的。工艺流程是在猪舍内的排粪沟中注入一定量的水,粪尿、冲洗和饲养管理用水一并排放到缝隙地板下的粪沟中,储存一定时间后(一般为1~2个月),待粪沟装满后,打开出口的闸门,将沟中粪水排出。粪水顺粪沟流入粪便主干沟,进入地下贮粪池或用泵抽吸到地面贮粪池。该工艺的主要目的是定时、有效地清除猪舍内的粪便、尿液,减少粪污清理过程中的劳动力投入,减少冲洗用水,提高养殖场自动化管理水平。缺点是由于粪便长时间在猪舍中停留,形成厌氧发酵,产生大量的有害气体,如硫化氢、甲烷等,恶化舍内空气环境,危及动物和饲养人员的健康。粪水混合物的污染物浓度更高,后处理也更加困难。

(3)干清粪工艺　是粪便一经产生便分流,干粪由机械或人工收集、清扫、运走,尿及冲洗水则从下水道流出,分别进行处理。干清粪工艺分为人工清粪和机械清粪两种。人工清粪只需用一些清扫工具、人工清粪车等。优点是设备简单,不用电力,一次性投资少,还可以做到粪尿分离,便于后面的粪尿处理;缺点是劳动量大,生产率低。机械清粪包括铲式清粪和刮板清粪。优点是可以减轻劳动强度,节约劳动力,提高工效;缺点是一次性投资较大,还要花费一定的运行维护费用。

与水冲式和水泡式清粪工艺相比,干清粪工艺固态粪污含水量低,粪中营养成分损失小,肥料价值高,便于高温堆肥或其他方式的处理利用。产生的污水量少,且其中的污染物含量低,易于净化处理。

5. 猪粪的处理技术　目前,国内对猪粪的处理利用方法主要有以下几种:直接返田处理、堆肥处理和沼气发酵。虽然有些报道称可以将猪粪饲料化处理,但是对于猪粪饲料化利用的安全性问题还有待进一步的研究,同时猪粪饲料化处理利用是绿色、生态养猪所不提倡的。

(1)猪粪直接返田　是猪粪最原始的利用方式。猪粪中所含有的大量氮和磷可以供作物利用。通过土层的过滤、土壤粒子和植物根系的吸附、生物氧化、离子交换、土壤微生物间的拮抗，使进入土壤的粪肥水中的有机物降解、病原微生物失去生命活力或被杀灭，从而得到净化。同时，还可增加土壤肥力而提高作物产量，实现资源化利用。

(2)高温堆肥处理　为避免长期、过量使用未经处理的鲜粪尿所造成的粪污微生物、寄生虫等对土壤造成污染以及寄生虫病和人畜共患病的蔓延，粪便采用发酵或高温腐熟处理后再使用，一般采用堆肥技术。堆肥处理是在微生物作用下通过高温发酵使有机物矿质化、腐殖化和无害化而变成腐熟肥料的过程。在微生物分解有机物的过程中，不但生成大量可被植物利用的有效态氮、磷、钾化合物，而且又合成新的高分子有机物腐殖质，它是构成土壤肥力的重要活性物质。

(3)机械烘干处理　将猪粪进行机械烘干，不但可杀灭粪污中的病毒、病菌，防止粪污中的病菌再次传播，还便于猪粪污保存。将烘干的粪污可以直接还田，也可以经生物发酵后和其他配料配伍生产有机肥。目前猪粪烘干机有多种。

(4)沼气发酵　利用畜禽粪便进行厌氧发酵，发酵产生的沼气成为廉价的燃料，分离出来的沼渣、沼液则成了优质肥料，不但保护环境，而且提高了经济效益。实践与研究证明，粪尿厌氧发酵能使寄生虫灭活，消除恶臭，减轻对土壤、水、大气的污染。将沼渣、沼液制成肥料，能增加土壤有机质、碱解氮、速效磷及土壤酶活性，使作物病害减少，降低农药使用量，提高农作物产量和品质。

二、生物发酵床养猪技术

发酵床养猪技术原位消纳粪污，改善了猪舍环境，猪舍无臭味，废弃的发酵床垫料可作为有机肥利用，能实现完全意义上的生态养殖。同我国常见的水泥地面养猪方法比较，发酵床技术优势主要体现在以下几个方面。

第一，猪舍内粪污原位消纳是本技术最显著的特征。有的养猪户将粪污原位消纳形象称为“零排放”。这是该技术与我国常见水泥地面饲养技术的明显差别。发酵床技术显著减少了舍内氨气、硫化氢等的排放，并非完全意义上的绝对零排放。

第二，使用发酵床技术，仔猪痢疾（黄痢、白痢）明显减少。发酵床养猪饲料中一般不添加抗生素，猪活动范围增加，猪肉中药残明显减少，省却医药费。

第三，发酵床养猪技术较传统集约化养猪可节省用水85%～90%。发酵床技术原位消纳粪污，可以省却粪污处理的设施及场地。

第四，发酵床养猪可消纳大量农副废弃资源，如秸秆、甘蔗渣等，促进废弃资源的循环利用。

由于发酵床养猪技术缺乏操作规范，全国各地应用效果不一。为此，国家农业部组织有关专家正在制定《发酵床养猪技术规范》。该标准的制定，将促进发酵床技术的推广。

（一）发酵床制作

1. 发酵床垫料选择与质量要求　发酵床养猪技术重要环节是垫料的制作。垫料所用最大宗的原料为农作物下脚料如谷壳、秸秆等，以及锯末、树叶和少量的米糠、生猪粪及发酵床菌种。锯末—稻壳发酵床目前应用最多，应用效果较好，但成本高。锯末、稻壳须无霉变、无杀虫剂，锯末经防腐剂处理过的不得使用，稻壳不得水洗。锯末、稻壳等可用破碎的棉秆、豆秸、玉米秸秆、玉米芯、甘蔗渣、蘑菇废料等代替。掺杂谷糠或酸败的米糠不得使用。米糠可用玉米面、麸皮等代替。秸秆需事先切碎成长1～2厘米的小段，玉米秸秆的叶、梢最好去掉。玉米芯经破碎成小块后，也可以应用。生猪粪为1周内的新鲜猪粪。

2. 垫料制作 根据制作场所不同可将垫料制作方法分为舍外集中统一制作和猪舍内直接制作两种。

集中统一制作垫料是在舍外场地统一搅拌、发酵制作垫料。这种方法可用较大的机械操作，操作自如，效率较高，适用于规模较大的猪场。猪舍内直接制作是常用的一种方法，即在猪舍内逐栏把谷壳、锯末、生猪粪、米糠以及发酵床菌种拌匀后使用。这种方法效率低些，适用于规模不大的猪场。无论采用何种方法，只要能达到充分搅拌，让它充分发酵即可。

发酵床制作时，应确定垫料厚度。一般育肥猪舍垫料层厚度冬天为90厘米，夏天为60厘米；保育猪舍垫料层厚度冬天为60厘米，夏天为50厘米。然后计算垫料原料的用量。依据不同季节、猪舍面积，以及与所需的垫料厚度计算出所需要的谷壳、锯末、米糠以及发酵床菌种的使用数量。不同的材料、不同的季节所占的比例不一样。锯末稻壳型发酵床各原料比例见表7-1。

表7-1 不同季节所需的材料比例

项 目	锯 末	稻 壳	鲜猪粪	米 糠	发酵床菌种
冬 季	40%	40%	20%	3.0千克/米^3	150～250克/米^3
夏 季	40%	50%	10%	2.0千克/米^3	100～200克/米^3

注：锯末、稻壳、猪粪体积比之和为100%。猪粪常被省略，此时按比例增加锯末和稻壳的比例，锯末和稻壳体积比之和为100%

将所需的米糠与适量的发酵床菌种预先逐级混合均匀备用。

(1)混匀 将谷壳或锯末取10%备用。将其余按图7-1把谷壳和锯末倒入垫料场内，在上面倒入生猪粪及米糠和混匀的米糠微生物，用铲车等机械或人工充分混合搅拌均匀。

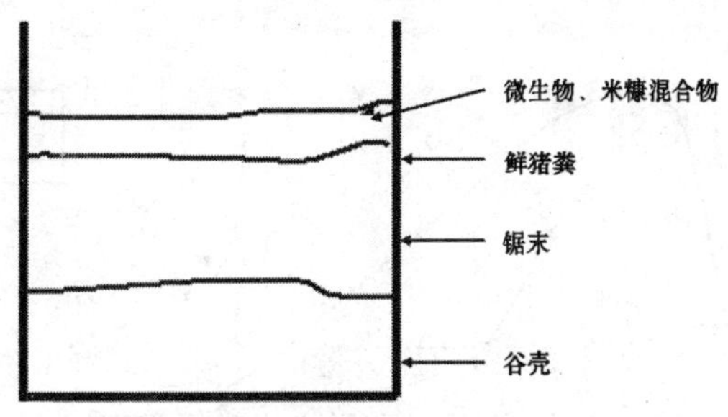

图 7-1 育肥猪发酵床垫料结构示意图

(2)调控水分　原料混合过程中,注意水分含量调节,水分含量保持在 50%左右(手握成团,不能滴水,料落地散开)。如水分不足,可加水后再混匀堆积。如水分过多,可再略微补充干的锯末和稻壳,进行调解。

(3)预堆积发酵　将各原料搅拌均匀混合后呈梯形状或丘形堆积起来。堆积好后用具有透气性的麻袋或凉席、草苫等覆盖周围中下部。垫料堆积高度一般 1 米以上。寒冷季节堆积体积应足够大,且全部覆盖,必要时猪舍可安装煤炉等设施进行环境升温,以促进发酵温度的升高。

(4)检测温度　为确保发酵成功,应检测垫料温度。用温度计测定垫料 20 厘米深处的温度。

正常情况下第二天垫料约 20 厘米深处温度可达到 20℃～50℃,以后温度便逐渐上升,第三天最高可达到 60℃～75℃。保持 60℃以上发酵一段时间,一般冬季可保持 7～15 天,夏季可保持 3～7 天。垫料温度刚下降时即摊开,摊开垫料后以无粪臭味为标准。一般夏季用玉米面代替猪粪时,可发酵 3 天,冬季 7～10 天。

锯末—稻壳—猪粪发酵床垫料堆积发酵温度变化见图 7-2。

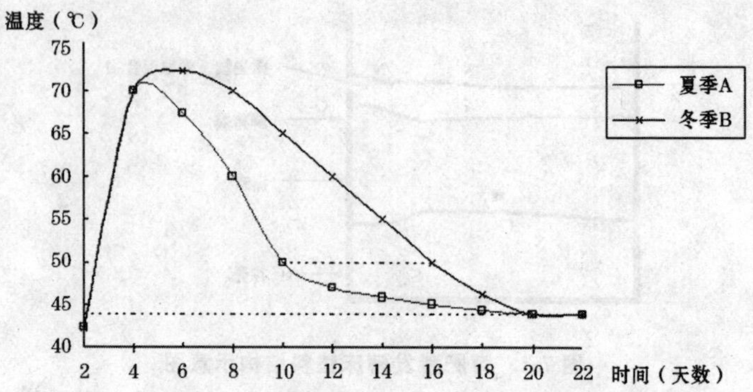

图 7-2　锯末—稻壳—猪粪发酵床垫料堆积发酵温度变化

说明：①正常情况下，锯末—稻壳型、菌渣—稻壳型、玉米秸秆—棉秆型等发酵床垫料温度都有快速上升然后逐渐下降的类似温度变化规律

②夏季 A 曲线因垫料中不加猪粪，所以温度衰减很快，原因是垫料中的营养（米糠）在发酵中很快被消耗完毕，所以曲线很快趋于稳定

③冬季 B 曲线因垫料中含有猪粪等丰富的营养，发酵时间加长，温度曲线衰减慢

④垫料发酵成熟与否，关键看温度曲线是否趋于稳定

⑤夏季放猪前，如果是新垫料，温度曲线趋于稳定的时间一般为 10 天左右；如果是旧垫料，温度曲线趋于稳定的时间一般为 15 天左右

⑥垫料发酵状况会随着气温的变化和垫料状况的不同有所变化，以上曲线仅作参考

将发酵好的垫料在每个栏内摊开铺平，垫料中的热气将迅速扩展。在摊开的垫料上平铺剩余的10％锯末或稻壳。隔日进猪饲养。

发酵好的垫料上平铺部分锯末或稻壳的作用在于使未发酵好的垫料再次发酵，防止垫料温度散失，防止垫料高温伤害猪体。

预堆积发酵是确保发酵床养殖成功的保障。预堆积发酵，可杀灭垫料及猪粪中的病菌，确保进猪安全。一般寄生虫可在 55℃下几分钟被杀死，常见病菌、病毒也可在 60℃高温下被杀灭。预堆积发酵时，应在第二天和第三天连续检测堆积发酵温度。正常情况下第二天垫料初始温度应上升至20℃～50℃，否则应查找原因并加以改正。

(二)发酵床垫料管理

1. 发酵床监控指标

(1)垫料温度检测　进猪饲养一段时间后使用温度计测定垫料下20厘米处温度，确保垫料20厘米深处40℃以上。正常状况下发酵床20厘米深处垫料温度为40℃～50℃。如果温度低于40℃，表明发酵床微生物分解粪尿能力减弱，此时应进行翻挖。夏季垫料温度可低于40℃。

(2)空气相对湿度检测　空气相对湿度应低于85%。

(3)垫料泥泞状况观察　泥泞化区域应该小于40%，否则发酵床易失败。

(4)舍内氨气浓度　正常情况下，猪舍内人感觉不到臭味，即猪舍内氨气浓度很低。若猪舍内氨气味过高，此时应查找原因，及时翻挖垫料。

(5)垫料表面干燥状况　垫料干燥时，猪舍中粉尘含量增加，猪易得呼吸道疾病。此时可在垫料表面喷洒发酵床菌种水溶液，防止表面垫料干燥，同时补充垫料菌种。

(6)猪行为观察　根据猪的行为判断猪的猪健康状况。冬季猪扎堆，表明发酵床温度低或猪舍保暖性能差。猪在水泥饲喂台上长时间趴卧，表明猪舍环境温度高。正常情况下，生猪在垫料上散开趴卧或自由活动。

正常的垫料运行，其中心部应是无氨味，垫料水分含量在45%左右(手握不成团，较松)，垫料温度在40℃以上，pH值在7～8。否则不正常。

2. 发酵床垫料管理程序　全国各地应根据垫料状况和生猪体重大小、饲养季节、饲养方式等差异，灵活翻挖垫料。生长育肥猪垫料管理参考程序如下。

第一，仔猪进入发酵床后7～30天翻挖1次(30厘米深)。视季节、猪群数量、发酵床状况等确定。

第二，从放猪之日起50天，大幅度地翻垫料1次。目的为增加垫料中的氧气含量。在粪便较为集中的地方，把粪尿分散开来，用小型挖掘机或铲车从底部反复翻弄均匀；水分很多的地方添加一些锯末、稻壳等；观察垫料的水分情况决定是否全面翻弄。如果水分偏多，氨臭较浓，应全面上下翻弄1遍。看情况可以适当补充米糠与发酵床菌种混合物。

第三，猪出栏后重新堆积发酵1次。猪全部出栏后，垫料放置2～3日；用小型挖掘机或铲车将垫料从底部反复翻弄均匀1遍，看情况可以适当补充米糠与发酵床菌种混合物，重新堆积发酵(杀灭病原菌及寄生虫)。垫料重新堆积发酵好后摊开，在上面用稻壳、锯末覆盖，厚度约10厘米，间隔24小时后即可再次进猪饲养。

(三)发酵床养猪管理

1. 安全进猪 进入发酵床饲养的猪应确保健康。进入发酵舍的生猪必须健康无病，而且最好大小均衡。尽量推行自繁自养、单栋全进全出的生产模式，其品种应大体一致。本场健康猪可直接进入发酵床饲养，外购种猪建议从有《种畜禽经营许可证》的种猪场引进，引进猪应先饲养于观察栏中，要给猪驱虫、健胃并按程序防疫，控制疾病的发生，确准无疫病后再进入发酵床。

2. 仔猪发酵床饲养管理 发酵床饲养仔猪，发酵床技术优势得到明显体现，可减少仔猪腹泻疾病。

(1)仔猪出生时预防被母猪挤压 哺乳母猪最好使用产床，以防母猪躺卧时压死或挤伤仔猪。

(2)补充外源有益菌 开食料中添加有益菌，或饮水中添加有益菌。将发酵床菌种与水按1∶100的比例给出生仔猪灌服，或涂抹在乳房上,可促进仔猪肠道有益菌的增殖。

(3)提高舍内环境温度,注意保暖　垫料上设置保暖箱,或安装红外线灯,或舍内安装暖气,提高冬季舍内环境温度。

(4)转群　仔猪转群时为减少应激,可夜晚转群。

(5)注意伤口感染　仔猪去势后,将其赶在水泥台上饲养,或在发酵床垫料上铺设一层软质的稻草。伤口愈合后,恢复正常饲养。

(6)注意饲养密度　断奶仔猪发酵床饲养密度为 0.3～0.5 米^2/头,防止密度过大,降低垫料温度。

(7)仔猪调教　新转群的猪可将其粪便放在排泄区,诱导其在污区排便,其他区域如有粪尿应及时清理,并对仔猪进行看管,强制其在指定区域排泄。为防止仔猪出现咬尾、咬耳等现象,可在猪栏上绑几个铁环供其玩耍。

(8)发酵床舍注重消毒、免疫及寄生虫病预防　消毒、免疫及寄生虫病预防程序及要求可参照常规。发酵床饲养仔猪,仔猪的腹泻疾病明显减少。

3. 生长育肥猪发酵床饲养管理　生长育肥猪发酵床饲养管理重点在于维持好发酵床状态,使发酵能正常运行。由于发酵床为好氧微生物持续发酵过程,因此发酵床应不间断翻挖(供养)、保持一定水分含量、补充发酵营养物质等。

(1)防止粪便堆积　在粪便较为集中地方,喷洒发酵床菌种水溶液,然后将粪尿用粪叉分散开来,并从发酵床底部反复翻弄均匀或用垫料将其覆盖。

(2)定期翻挖垫料　根据发酵床状态、猪饲养量多少及猪生长阶段,建议间隔 3～7 天翻挖 1 次,翻挖深度为 20～30 厘米。一般猪个体小,饲养密度小,翻挖间隔时间长;猪个体大,饲养密度高,翻挖间隔时间短。从生猪进入发酵床之日起 50 天,建议大动作翻挖垫料 1 次,从发酵床底部完全翻挖。

(3)补充垫料　猪在发酵床上生长,发酵床垫料不断被挤压,并且猪不断拱食垫料，随着时间的不断延长，发酵床垫料高度逐渐下降，此时应根据情况不断补充垫料。

(4)夏季预防环境高温和垫料高温　猪舍通过安装湿帘—风机降温系统、增加滴水设施、安装遮阳网、扩大发酵床水泥饲喂台面积、垫料减少翻挖次数、调整日粮配方、增加通风等措施减缓热应激的不利影响。

(5)冬季注意保暖除湿　注意猪舍后窗的密封及天窗(屋顶通风口)的开关，注意除湿，防止舍内湿度过大。防止水管冻裂。

(6)预防接种　自繁自养的猪场可以按照免疫程序进行预防接种。外购仔猪进场后，一般为安全起见要全部进行一次预防接种。接种疫苗时要按照疫苗标签规定的计量和要求操作。对于成熟的免疫程序不要轻易调整。发酵床养猪应加强疫苗防疫。

(7)驱虫　猪体内的寄生虫以蛔虫感染最为普遍，主要危害3～6月龄的仔猪。发酵床养猪主要预防猪蛔虫、鞭虫和绦虫。具体药物及用量按相关说明进行。驱虫后应及时翻挖垫料。

(8)猪在出栏后的工作　猪出栏后，应全面翻挖垫料，重新堆积发酵。猪出栏后，将垫料放置2～3日，使垫料水分含量适宜，然后根据垫料情况，在垫料表面适当补充米糠和发酵床菌种混合物，将垫料从底部上翻，重新堆积发酵。猪舍同时消毒时，垫料上覆盖遮蔽物。垫料重新堆积发酵好后摊开，在上面用谷壳、锯末覆盖，厚度约10厘米，间隔24小时后即可再次进猪饲养。

4. 母猪饲养管理

第一，妊娠母猪可以使用产床，也可利用水泥饲喂台作为产床。

第二，发酵床妊娠母猪产前1个月或45天应将母猪限制在水泥台上饲养。

第三，注意保持猪舍和猪体清洁卫生，注意防暑降温，通风良好。

第四，及时处理母猪排泄物。管理员要像传统饲养母猪一样，及时地清理母猪的排泄物，将排泄物进行掩埋和分散，不让仔猪过近地接触母猪的粪便。

第五，注意防止脐带剪断和去势时伤口感染。仔猪方面，最好用软质的垫料如稻草等在发酵床垫料上再垫上一薄层，每天更换1次，连续7天。1周后仔猪完全可以生活在发酵床上。出生仔猪在产床上饲养较好。

第六，哺乳母猪应注意保护母猪乳房，预防乳房炎。

发酵床技术改善了猪舍环境，但对母猪繁殖性能的影响尚不清楚。目前发酵床技术在母猪上的推广应用不如在生长育肥猪上的应用面广。

(四)废弃垫料的资源利用

随着垫料使用时间的延长，垫料发生着一系列复杂的物理、化学、生物反应，发酵床微生物对粪尿的消纳、降解能力也逐步减弱，此时垫料不再适宜养猪。和新垫料相比，废弃垫料中的盐分浓度增加，酸碱度改变，氮、磷、钾及重金属含量增加，碳氮比降低。废弃垫料经再次堆积发酵后，可作为有机肥还田利用。日本将锯末稻壳型发酵床废弃垫料用于水稻、大葱等种植，改良土壤，生产优质农作物和果蔬。发酵床废弃垫料应根据农作物和蔬菜品种、地力等差异，调整使用剂量，按有机肥标准合理应用。

三、规模养猪场粪尿处理技术

从环境保护角度讲，未经处理的粪尿等废弃物是环境污染的重要污染源，需要对其进行科学的处理以减轻其对环境的污染。从粪尿组分以及特性看，其中含有大量的有机质和营养元素，具有很高的再生利用价值，粪尿又是一种可利用的宝贵资源。规模化猪场，应进行生态养殖，科学进行粪尿处理和利用，兼顾降低养猪生产环境污染的生态效益和资源利用经济效益的双重效益。

(一)粪污的沼气工程处理技术

目前,规模猪场存在“猪—沼—果”、“猪—沼—鱼”等多种生态循环养殖模式,其中将沼气工程作为一项处理粪污、促进粪污资源利用的关键技术。沼气发酵是目前猪场废弃物及其他有机废水处理的重要的环境技术。沼气工程建设的关键是生产工艺的确定。工艺是否合理直接关系到工程的处理效果、运转稳定性、投资、运转成本。因此,必须结合养猪场粪污特征和沼气利用特点,综合考虑粪便资源、配套土地和能源需求等因素,慎重选择适宜的生产工艺,以达到最佳的处理效果和经济效益。

目前,比较成熟、适用的生产工艺有两大类,一类是以综合利用为主的“能源生态型”处理利用工艺,另一类是以污水达标排放为主的“能源环保型”处理利用工艺。能源生态型处理利用工艺是指畜禽养殖场污水经厌氧无害化处理后不直接排入自然水体,而是作为农作物的有机肥料的处理利用工艺。能源环保型处理利用工艺指的是畜禽养殖场的畜禽污水处理后直接排入自然水体或以回用为最终目的的处理工艺,该工艺要求最终出水达到国家或地方规定的排放标准。

1. 典型能源生态型处理利用技术

(1)工艺适宜的条件　养殖业和种植业的合理配置,即周围有足够的农田或市场能够消纳厌氧发酵后的沼液、沼渣,使沼气工程成为能源生态农业的纽带;原则上畜禽养殖场日污水排放量不大于日粪便排放量的 3 倍;项目建设点周边环境容量大,排水要求不高的地区。

(2)工艺特点　①畜禽养殖场污水、粪便可全部进入厌氧消化器;②沼气、沼肥产量大;③主体工程投资少、运行费用低;④操作简单、容易管理。

(3)典型能源生态型工艺流程　见图 7-3。

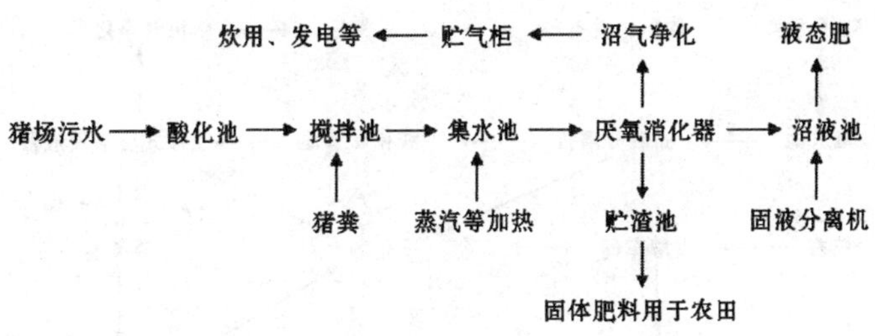

图 7-3　能源生态型生产工艺流程图

猪场的猪舍冲洗水与猪尿先汇集到酸化池，再与猪粪在搅拌池中搅拌均匀，将粪污调配成高浓度的发酵液，总的固形物(TS)浓度在3%～10%，然后集中到集水池内。冬季向集水池内增温，确保厌氧反应器进料的温度。厌氧消化器产生的沼气经净化后贮存到贮气柜，供发电或炊用。沼渣排入贮渣池后经过固液分离机分离，含水率降为75%，作为固体肥料施用于农田；上清液与沼液共同排入沼液池，作为液态肥施用于农田。

采用能源生态型沼气工程，项目建设目标是尽可能的多产沼气，并通过对沼渣、沼液的综合利用实现沼气工程社会效益和经济效益双丰收。

2. 典型能源环保型处理利用技术

(1)工艺适宜的条件　规模化养殖场，最小污水处理量每天50米^3；项目建设点周边排水要求高，污水需要达标排放。

(2)工艺特点　①在工艺前期尽可能通过物理方法去除污水中的固形物，降低厌氧消化器工作负荷；②舍内清出的粪便以及固液分离机分离的粪渣可制作有机肥或直接外卖；③污水达标排放，有效防止二次污染；④沼气产量小；⑤主体工程投资大、运行费用高；⑥操作与管理水平要求较高。

(3)典型能源环保型工艺流程　见图 7-4。

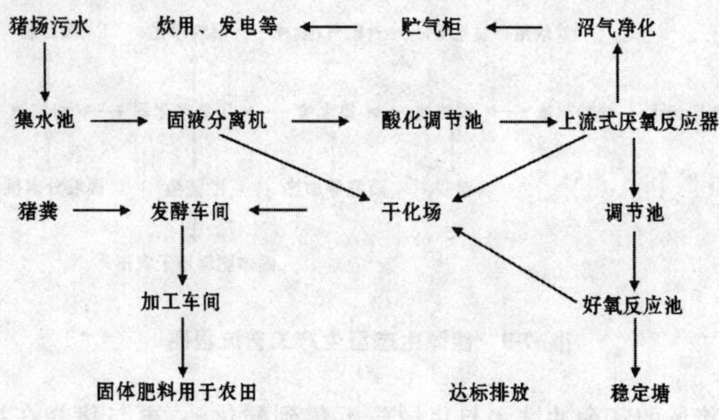

图 7-4　能源环保型生产工艺流程图

猪场的猪舍冲洗水与猪尿先汇集到集水池，用污水泵提升至固液分离机，分离出的污水自流入沉淀池，进一步去除水中的杂物。沉淀后污水经酸化调节池进入厌氧反应器(UASB)。经厌氧消化后污水自流入调节池，通过污水泵泵入好氧反应池(SBR)。为进一步达到节能和有效去除氨氮的目的，一般设置稳定塘，以确保水质达标排放。沉淀池、厌氧反应池和好氧反应池的污泥排入干化场，经干化后和猪舍清出的鲜粪经好氧发酵后可作为优质有机肥料使用。厌氧反应池在进行厌氧生物反应过程中产生的沼气经过净化送入贮气柜供发电或炊用。

采用能源环保型沼气工程，项目建设目标是实现污水的达标排放。固体粪便制作有机肥，并通过对沼气的利用降低工程运行费用，此类工程项目具有良好的社会效益。目前该工艺一般采用高效厌氧反应池与先进的好氧反应池相结合的典型工艺路线。

3. 各类厌氧发酵工艺

(1)完全混合厌氧工艺(CSTR)　传统的完全混合厌氧工艺

是借助消化池内厌氧活性污泥来净化有机污染物。有机污染物进入池内，经过搅拌与池内原有的厌氧活性污泥充分接触后，通过厌氧微生物的吸附、吸收和生物降解，使废水中的有机污染物转化为沼气。一般仅用于城市污水厂的剩余好氧污泥以及粪便的厌氧消化处理。

厌氧接触工艺反应器，是在连续搅拌完全混合式厌氧消化反应器的基础上进行改进的一种较高效率的厌氧反应器。该工艺既保证污泥不会流失，又可提高厌氧消化池内的污泥浓度，从而提高了反应器的有机负荷率和处理效率，与普通厌氧消化池相比，可大大缩短水力停留时间。目前，全混合式的厌氧接触反应器已经被广泛应用于悬浮物浓度较高的废水处理中。

(2)厌氧滤器(AF)　厌氧滤器是采用填充材料作为微生物载体的一种高速厌氧反应器。厌氧菌在填充材料上附着生长，形成生物膜。生物膜与填充材料一起形成固定的滤床。厌氧滤床可分为上流式厌氧滤床和下流式厌氧滤床两种。厌氧滤器的缺点是填料载体较贵，反应器建造费用较高；当污水中悬浮物含量较高时，容易发生短路和堵塞。

(3)上流式厌氧反应器　待处理的废水被引入厌氧反应器的底部，向上流过由絮状或颗粒状厌氧污泥的污泥床。厌氧反应器的特点在于可维持较高的污泥浓度，很长的污泥泥龄(30 天以上)，较高的进水容积负荷率，从而大大提高厌氧反应器单位体积的处理能力。该系统的投资费用较大。

(4)膨胀颗粒污泥床反应器(EGSB)　EGSB 与 UASB 的结构相似，不同的是在 EGSB 中采用相当高的上流速度，可以高效地处理浓度较高的有机废水。

(5)升流式固体床反应器(USR)　升流固体床反应器是一种新型的专用以处理固体物含量较大的反应器，其构造特点是反应器内不设三相分离器和其他构件。

几种典型的厌氧反应器适用性能比较见表7-2。

表7-2　几种典型厌氧反应器适用性能比较

反应器名称	优　点	缺　点	适用范围
完全混合厌氧反应器(CSTR)	投资小、运行管理简单	容积负荷率低，效率较低，出水水质较差	适用于SS含量很高的污泥处理
厌氧接触反应器	投资较省、运行管理简单、容积负荷率较高，耐冲击负荷能力强	停留时间相对较长、出水水质相对较差	适用于高浓度高悬浮物的有机废水
厌氧滤器(AF)	处理效率高，耐负荷能力强，出水水质相对较好	投资相对较大，对废水SS含量要求严格	适用于SS含量较低的有机废水
上流式厌氧污泥床反应器(UASB)	处理效率高，耐负荷能力强，出水水质相对较好	投资相对较大，对废水SS含量要求严格	适用于SS含量较低的有机废水
膨胀颗粒污泥床反应器(EGSB)	处理效率高，负荷能力强，出水水质相对较好	投资相对较大，对废水SS含量要求严格	适用于SS含量较少、高浓度的有机废水
升流式固体床反应器(USR)	处理效率高，不易堵塞，投资较省、运行管理简单，容积负荷率较高	结构限制相对严格，单体体积较小	适用于含固体量很高的有机废水

各种类型的厌氧工艺各有其优缺点和使用范围，在一定的条件下选择适当的工艺形式是厌氧处理成功的关键所在。考虑厌氧反应器各生产工艺的优缺点，结合各猪场的实际条件，合理选择沼气生产工艺。

(二)粪污的多级沉淀处理技术

猪粪固液分离后,猪粪用于还田,含有粪便残余的污水也可进行多级沉淀处理,使排放的污水达到相关要求。猪场一般多采用三级沉淀粪污。

1. 山东省采用的三级沉淀技术 在每栋猪舍处设一级沉淀池,上清液流入主管道,主管道与二级沉淀池之间设隔栅,让上清液流入二级沉淀池,经二级沉淀池沉淀后的污水进入曝气池,经充分曝气和好氧微生物处理后,再入三级沉淀池,沉淀后上清液再进入砂滤池,经砂滤池达标后排放。污水管道和一级、二级沉淀池均应密封,相当于厌氧发酵过程,可将污水中的有机物减少 50%,耗氧量减少 50%～80%,基本达到灌溉肥田的要求。如排放到河沟中,还须经曝气池好氧微生物处理后,再经砂滤达标排放。

2. 其他地方采用的三级沉淀技术 猪场产生的尿、冲洗水经格栅和滚动筛网过滤分离,去除粪渣等悬浮物。然后污水进入调节池,调节水质、水量,以满足后续处理系统的正常运行,随后污水进入水解酸化池,水解池将污水控制在缺氧阶段,即控制在厌氧过程的酸性衰退和产生甲烷之前,降解大分子有机物变为易生化的小分子有机物,污水通过水解后流入接触氧化池,废水中的有机污染物在微生物的降解下,从废水中去除,池内的水经 1～2 个月沉淀后,可用于作物或草地的灌溉。另外,平时不断将池中多余部分污泥捞起,运到堆肥场制成有机肥,这样可提高生化污泥的活性。具体工艺如下。

首先,猪场经干清粪后的猪粪经高温堆肥发酵作为有机肥出售;猪场污水过格栅进入 1 号调节池(深度 1 米),盛满后关闭进出口,沉淀 2～3 天。

其次,打开 2 号调节池进口(深度 1 米),让猪场污水进入盛满后关闭进出口,沉淀 2～3 天。

然后,1 号池经沉淀后,上面的污水流入 3 号沉淀池(面积足够大)。人工清理下面的沉淀物后,再放入猪场污水。2 号池同样经历 1 号池的过程,并与 1 号池不断进行交替使用。

最后,3 号池的水经 1～2 个月沉淀后,该池内的水已可用于作物或草地的灌溉了。1 个万头猪场的污水可流入 33.3 公顷(500 亩)的农田或 6.7 公顷(100 亩)鱼塘,且基本达到了国家污水排放标准。其污水处理的流程见图 7-5。

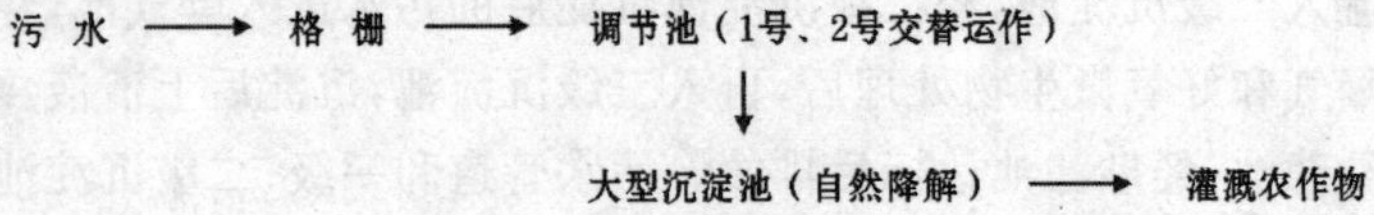

污水 ⟶ 格栅 ⟶ 调节池(1号、2号交替运作)
↓
大型沉淀池(自然降解) ⟶ 灌溉农作物

图 7-5　污水多级沉淀流程

用三级沉淀方法处理粪污成本低,便于推广应用,但占地面积较大,需要配备足够面积的土地。三级沉淀法处理粪污时应注意污水与雨水分离,防治污染。污水经三级沉淀达标后再排放。沉淀池中的污泥应及时进行清理。

(三)有机肥的制作技术

1. 粪污固液分离预处理　猪粪污进行沼气工程或多级沉淀处理时,常首先经过固液分离,即固液分离预处理。固液分离预处理工艺需注意以下几个方面。

(1)粪便污水进入贮粪池前需设置粗格栅　由于猪场粪便污水中一般会带入一定的漂浮物或体积较大的杂质,利用粗格栅可清除大体积杂物,防止堵塞进料泵。贮粪池底部设计为倾斜式,进料泵置于低端,可提高池中污水流动性,防止出现死角。

(2)分离机进料管需设置溢流管　由于粪便污水流动性的高低直接影响分离机的分离效果,为了提高分离效率,一般设计进料量需大于分离机的处理量。加大粪便污水的流动性,提高处理效率，进料管上必须设计溢流管。

（3）需及时清除分离机产生的固体废渣　由于每台分离机每小时排出的干物质量可达到 1 200～1 800 千克，要使分离机连续正常工作，必须及时清除其产生的分离废渣。由于分离机产生的干物质量较大，完全采用人工清理废渣，尤其在采用多台分离机同时进行固液分离时，劳动强度过高，因此一般在分离机出渣口处设置输送带，输送分离废渣，来降低工人的劳动强度。

（4）分离液排放管道需设置足够的坡度与管径　由于分离处理所得到的分离液需通过管道输送至沉淀池，再进入后续厌氧、好氧处理，最终排放。为保证管道通畅，以及输送效果，需设置足够的坡度与管径。

国内外的固液分离设备定型产品种类繁多，总体上可分为筛分、离心分离、过滤三大类。这三类分离设备均采用机械物理分离方法，较少分离设备采用化学和生物法。猪场粪便污水分离处理常用的固液分离机械有板框压滤机、离心机、格栅式斜板筛分离机、振动式固液分离机。不同的猪场应根据自身特点选择适宜的猪粪污水分离工艺，降低污水排放浓度，减轻污水后续处理压力；同时，可收集猪粪有机资源，生产有机肥，增加养猪专业户的经济收入。

2. 标准化生物有机肥制作技术　商品有机肥根据其加工情况和养分状况，分为精制有机肥、有机复混肥和生物有机肥。这些商品有机肥均执行相关标准进行生产。精制有机肥，为纯粹的有机肥料，执行的是农业部《有机肥料标准》(NY 525—2002)，有机质（干基）≥30%，总养分（N、P_2O_5、K_2O、干基）≥4%，水分≤20%，pH 值 5.5～8。如果加入活菌制剂，要求有效活菌数≥0.2 亿个/克，杂菌率≤20%。有机无机复混肥执行的是国家标准(GB 18877—2002)，有机质（干基）≥20%，总养分（N、P_2O_5、K_2O、干基）≥15%，水分≤10%，pH 值 5.5～8，粒度（1～4.75 毫米）≥70%。而生物有机肥，是指由特定功能微生物与经过无害化处理、腐熟的有机物料复合而成的肥料，执行农业部行业标准（NY 884—2004），有机质（干基）≥25%，总养分（N、P_2O_5、K_2O、干基）≥6%，水分≤15%，pH 值 5.5～8.5，有效活菌数≥0.2 亿个/克，杂菌率≤20%。

2005 年农业部颁布并实施《生物有机肥》（NY 884—2004）标准。本标准规定了生物有机肥的要求、检验方法、检验规则、标识、包装、运输和贮藏。本标准规定微生物有机肥是有机固体废物（包括有机垃圾、秸秆、畜禽粪便、饼粕、农副产品和食品加工产生的固体废物）经微生物发酵、除臭和完全腐熟后加工而成的有机肥料。

生物有机肥中使用的微生物菌种应安全、有效，有明确来源和种名。产品外观（感官）为粉剂产品应松散、无恶臭味；颗粒产品应无明显机械杂质、大小均匀、无腐败味。生物有机肥产品的各项技术指标应符合表 7-3 的要求。

表 7-3　生物有机肥产品技术要求

项　目	剂　型	
	粉　剂	颗　粒
有效活菌数，亿个/克	0.20	0.20
有机质（以干基计），%	25.0	25.0
水分，%	30.0	15.0
pH 值	5.5～8.5	5.5～8.5
粪大肠菌数，个/克（毫升）	100	
蛔虫卵死亡率，%	95	
有效期，月	6	

生物有机肥产品中砷（As）、镉（Cd）、铅（Pb）、铬（Cr）、汞（Hg）含量指标应符合《复合生物肥料标准》（NY/T 798—2004）中 4.2.3 的规定。若产品中加入无机养分，应明示产品中总养分含

量,以(N、P_2O_5、K_2O)总量表示。

《生物有机肥》(NY 884—2004)中没有规定生物有机肥的生产工艺,其原料不同,生产工艺也不同。生物有机肥生产工艺流程见图 7-6。

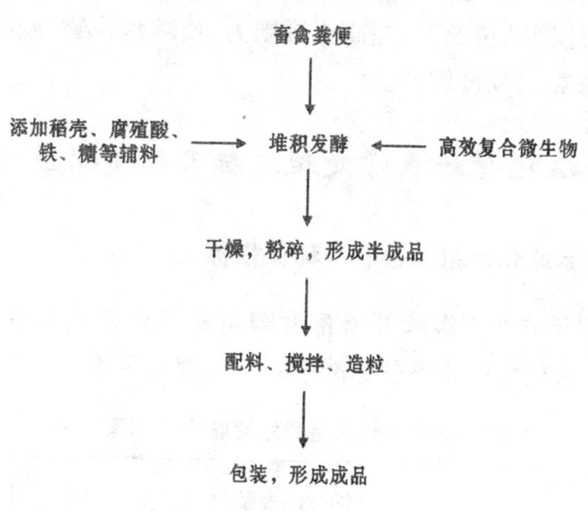

图 7-6 生物有机肥生产工艺

生产工艺的技术要点如下。

第一,在生物有机肥的生产过程中需有效地控制影响有机废物发酵、微生物繁殖的各因素。主要的影响因素为有机质含量、含水率、碳氮比、堆肥过程的氧浓度和温度以及 pH 值等。

第二,对堆肥产生的恶臭需加以防治与控制,避免二次污染。在堆料中加入发酵剂或快速分解菌可在较短时间内消减臭气,且感官效果较好;或者对堆肥场产生的恶臭气体以生物除臭技术等进行处理。

第三,严格控制原料中的重金属含量,防止在后期的生产过程中微生物中毒以及成品有机肥中重金属超标、污染土壤及农作物。

第四,成品经过分析检测,其有机质、腐殖酸、氮、磷、钾及其他微量元素含量、活菌数等应达到或超过国家标准。

第五，生物有机肥可以调理土壤、激活土壤中微生物活跃率、克服土壤板结、增加土壤空气通透性、减少水分流失与蒸发、减轻干旱的压力、保肥、减少化肥、减轻盐碱损害。在减少化肥用量或逐步替代化肥的情况下，提高土壤肥力，使粮食作物、经济作物、蔬菜类、瓜果类大幅度增产。

四、标准化猪场粪污处理达标及环境卫生学指标

（一）标准化示范场验收的环保指标

2011 年农业部继续开展畜禽养殖标准化示范创建活动。生猪标准化示范场验收评分标准中对环保要求见表 7-4。

表 7-4　标准化示范猪场验收时的环保要求

验收项目	考核内容	考核具体内容及评分标准	满分	得分	扣分原因
环保要求（20 分）	环保设施（6 分）	有固定的猪粪储存、堆放设施和场所，并有防雨、防渗漏、防溢流措施。得 3 分。	3		
		有猪粪发酵或其他处理设施，或采用农牧结合方式处理的大型贮粪池。得 3 分。	3		
	废弃物管理（5 分）	污水处理后达标排放或不排放得 3 分，有定期污水监测记录得 2 分；或采用农牧结合方式处理利用，得 5 分。	5		
	无害化处理（6 分）	配备焚尸炉或化尸池等病死猪无害化处理设施得 3 分。	3		
		病死猪采取焚烧或深埋的方式进行无害化处理得 2 分，记录完整，得 1 分。	3		
	环境卫生（3 分）	场区内卫生状况较好，垃圾集中存放，位置合理得 3 分。	3		

(二)粪污无害化卫生学指标及环境质量

标准中对粪污堆肥、发酵及环境质量具体指标见表7-5,液态粪便厌氧无害化卫生学要求见表7-6。

表7-5 粪便堆肥无害化卫生学指标 (NY/T 1168—2006)

项　目	卫生指标
蛔虫卵	死亡率≥95%
粪大肠菌群数	≤10^5个/千克
苍　蝇	有效地控制苍蝇滋生,堆体周围没有活的蛆蛹或新羽化的蝇

表7-6 液态粪便厌氧无害化卫生学要求 (NY/T 1168—2006)

项　目	卫生标准
寄生虫卵	死亡率≥95%
血吸虫卵	在使用粪液中不得检出活的血吸虫卵
粪大肠菌群	常温沼气发酵≤10000个/升,高温沼气发酵≤100个/升
蚊子、苍蝇	有效地控制蚊蝇滋生,粪液中孑孓,池的周围无活的蛆蛹或新羽化的成蝇
沼气池粪渣	达到表7-5要求后方可用作农肥

(三)标准化猪场生态养殖的实施

从立足生态建设,实现畜禽养殖污染减量化、生态化、资源化目标出发,畜禽标准化、规模化、生态化养殖重点应抓好以下几方面。

1. 提高新建养猪场生态化标准

第一,在新建养猪场时合理规划,统筹安排畜牧用地。畜牧产业区域布局要按生态农业发展的要求，进行统一规划，把畜牧场与农田、鱼塘、园地一并规划，促进农牧结合，力争粪尿全部就近消化。

第二，加快生态养殖小区建设。养殖小区的建设对改善农村环境产生了良好的作用。建设一批配套土地和一定污水处理设施的畜禽养殖小区，实现养殖场与村庄分离，改善农村环境。小区要选择合适的生态养猪模式，采取农牧、林牧、渔牧、肥牧结合等方式，实行生态养殖，促进农村畜禽养殖场环境综合治理。

第三，应用畜禽养殖先进技术，促进产业链生态循环发展。首先采用科学合理的饲料配方，通过酶制剂、微生态制剂、理想蛋白等技术处理，提高猪的饲料利用率，尤其是提高饲料中氮、磷的利用率，并抑制、分解、转化排泄物中的有毒有害成分。其次应用科学的房舍结构、生产工艺，实现固体和液体、粪与尿、雨水和污水三分离，降低污水产生量和降低污水氨、氮浓度。利用发酵床养殖技术，原位消纳粪污，实现“低排放”。利用沼气工程、生物有机肥技术，促进粪污的资源利用。

2. 加强对现有养猪场的生态化改造　加强对具有一定规模猪场的改造，使其达到保温隔热、冬暖夏凉、自动饮水和自由采食；干清粪，低排放；节能降耗，绿色环保，使资源得到再利用，从而提升当地的生态化养殖水平。

3. 推广生态化种养模式　在畜禽养殖上以“方便、经济、有效”为原则，以综合利用为主，大力推广果（林、茶）园养猪、猪—沼—果、林—发酵床垫料—沼气—有机果蔬等农业生态模式，实施畜禽养殖污染的资源化、无害化、减量化。

第八章　生猪标准化养殖组织与养殖备案管理

组织管理是管理活动的一部分，也称组织职能。就是通过建立组织结构，规定职务或职位，明确责权关系，以使组织中的成员互相协作配合、共同劳动，有效实现组织目标的过程。使人们明确组织中有些什么工作，谁去做什么，工作者承担什么责任，具有什么权力，与组织结构中上下左右的关系如何。避免由于职责不清造成执行中的障碍，使组织协调地运行，保证组织目标的实现。

一、组织形式

生猪标准化养殖的组织管理工作包括四个方面：一是确定实现生猪标准化养殖生产目标所需要的范围，并按标准化养猪专业化分工的原则进行分类，按类别设立相应的工作岗位；二是根据标准化养殖的特点、外部环境和目标需要划分工作部门，设计组织机构和结构；三是规定组织结构中的各种职务或职位，明确各自的责任，并授予相应的权力；四是制订标准化养殖规章制度，建立和健全组织结构中纵横各方面的相互关系（图 8-1）。标准化养殖企业管理的政策制度化，实施可操作性管理。

根据市场经济的要求，现代企业的组织形式按照财产的组织形式和所承担的法律责任划分。国际上通常分类为：独资企业、合伙企业和公司企业。

独资企业，西方也称“单人业主制”。它是由某个人出资创办的，有很大的自由度，只要不违法，经营方式、雇工和贷款数量全由

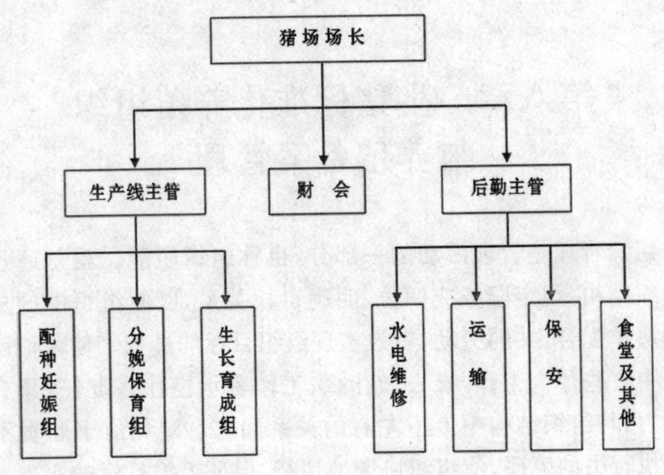

图 8-1　猪场的组织机构和结构

业主自己决定，盈亏完全归业主。我国的个体户和私营企业很多属于此类企业。

合伙企业是由几个人、几十人，甚至几百人联合起来共同出资创办的企业。它不同于所有权和管理权分离的公司企业。它通常是依合同或协议组合起来的，结构较不稳定。合伙人对整个合伙企业所欠的债务负有无限的责任。合伙企业不如独资企业自由，决策通常要合伙人集体做出，但它具有一定的企业规模优势。以上两类企业属自然人企业，出资者对企业承担无限责任。

公司企业是按所有权和管理权分离，出资者按出资额对公司承担有限责任创办的企业。主要包括有限责任公司和股份有限公司。有限责任公司指不通过发行股票，而由为数不多的股东集资组建的公司（一般由 2 人以上 50 人以下股东共同出资设立），其资本无须划分为等额股份，股东在出让股权时受到一定的限制。在有限责任公司中，董事和高层经理人员往往具有股东身份，使所有权和管理权的分离程度不如股份有限公司那样高。有限责任公司的财务状况不必向社会披露，公司的设立和解散程序比较简单，管理机构也比较简单，比较适合中小型企业。股份有限公司全部注册资本由等额股份构成并通过发行股票（或股权证）筹集资本，公司以其全部资产对公司债务承担有限责任的企业法人（应当有 2 人以上 200 以下为发起人，注册资本的最低限额为人民币 500 万元）。其主要特征是：公司的资本总额平分为金额相等的股份；股东以其所认购股份对公司承担有限责任，公司以其全部资产对公司债务承担责任；每一股有一表决权，股东以其持有的股份，享受权利，承担义务（其本质也是一种有限责任公司）。

二、人员管理

管理是一门科学，领导是一门艺术，用人是一种谋略。管理的主要职责是：协调人员之间的关系，引导建立积极向上的工作环境。

猪场多数离城镇偏远，购物、医疗、孩子上学等生活方面有诸多不便，又加之封闭管理、环境差、工作辛苦、人员流动性大。故选人难，留人更难。对技术型人才，要制订专门的工资方案，以吸引和留住人才。要改善生活条件，完善娱乐设施，丰富员工的业余生活，让员工能留得住，工作愉快。鼓励夫妻在场一起工作，员工按计划带薪休假。

善待、关心、尊重员工。关心员工的健康和生日，关注员工家庭的婚丧嫁娶，把员工看成是朋友、伙伴，平等相待。猪场形成和谐、友善、融洽的人际关系，创造令人舒心愉快的工作条件和环境。

（一）技术人员管理

1. 场长　场长一定是内行人，应具备以下能力：管理能力、用人能力、决策能力、明辨是非能力、接受新鲜事物的能力、把握市场的能力、学习能力、创新能力以及高尚的品德等。高尚的品德十分重要，品德能使管理者具有个人魅力，有影响力、感召力、凝聚力，才能得人心。

场长的具体职责是：①负责猪场的全面工作；②负责落实和完成公司下达的全场经济指标，负责全场各项成本费用的监控与管理；③直接管辖生产技术主管，通过生产技术主管管理生产线员工；④负责制订和完善本场的各项行政管理制度，负责组长级的人事任免；⑤负责后勤保障工作的管理，及时协调各部门之间的工作关系，主抓场内财务、购销等工作；⑥负责制订具体的实施措施，落实和完成养猪公司下达的各项任务；⑦负责监控本场的生产情况、员工工作情况和卫生防疫，及时解决出现的问题；⑧负责编排全场的经营计划、物资需求计划；⑨负责全场饲料、药物等直接成本费用的监控与管理；⑩做好全场员工的思想工作，及时了解员工的思想动态，出现问题及时解决，及时向上级反映员工的意见和建议。

2. 段长(或区长)　是基层管理人员，不仅要有过硬的技术水平，还要有管人用人的能力和指导饲养员做好生产的能力，选拔时应慎重。生产车间实行生产厂长(主管)负责制，由其负责生产的组织，员工的管理、培训、考核，以及与公司其他部门的协调。

段长(或区长)的具体职责是：①负责生产线日常工作；②协助场长做好其他工作；③负责执行饲养管理技术操作规程、卫生防疫制度和有关生产线的管理制度，并组织实施；④负责生产线报表工作，随时做好统计分析，以便及时发现问题并解决问题；⑤负责猪病防治及免疫注射工作；⑥负责生产线饲料、药物等直接成本费用的监控与管理；⑦负责落实和完成场长下达的各项任务；⑧直接管辖组长，通过组长管理员工。

(二)从业人员管理

全体员工必须按照公司作息时间上、下班，遇有加班，由生产厂长(主管)统一安排，有事需请假，迟到、早退、旷工，按照公司员工考勤管理条例处罚。全体员工上班期间必须穿工作服，清洁整齐，举止文明，保持较好的精神状态。不得随意脱岗、串岗，不大声喧哗，不做与工作无关的事情，违者按公司员工考勤管理条例处理。

各岗位认真执行生产计划，由生产厂长(主管)根据实际情况组织生产，生产员工分工不分家，严格按照生产操作规程和设备操作规程要求操作，安全保质保量完成任务。

全体员工必须保持猪舍卫生，做到猪舍地面干净，生产工具摆放有序。卫生清洁方面由生产厂长(主管)统一安排检查。

人员管理上还要注意以下几个问题：①对员工要多赞扬少批评，批评要注意方式，以理服人；②对部属不要斥责，即使斥责也要在冷静的时候，在单独的情况下，适可而止，斥责中带激励，让其有闻过必改的意识；③科学地制订工资方案，员工工资之间的差异要合理，工资要向技术含量高的岗位倾斜，确实体现出高付出就有高回报；④评选先进、人员转岗、人员提升要符合条件，做好工作，避免思想波动；⑤关心职工，尽力帮助解决实际困难；⑥加强安全教育，清除安全隐患，保证安全第一；⑦不要轻易收回员工的既得利益；⑧不要轻易许诺，言出即从，恪守信用；⑨经常换位思考，多站在员工的立场上看问题想问题，揣测员工的感受。

(三)技术培训

制订并严格执行周生产例会和技术培训制度：定期检查、总结生产上存在的问题，及时地研究出解决方案；有计划地布置下一阶段的工作，使生产有条不紊地进行。培训是管理的重要内容及基础工作，也是人性化管理的重要体现。培训和训练就是最好的指导和服务。通过大量的培训可代替控制式的管理，让员工知道不仅要按要求去做，还要知道为什么按要求去做，进而实现自我控制、自我管理。通过培训，不仅可以使员工综合素质不断提高，生产成绩不断上升，管理人员也比较省心，还可以形成合力和凝聚力。

规模化、现代化、集约化养猪生产，是一项系统工程，涉及的学科范围很广，尤其是养猪市场风险、疾病风险加大，利润微薄，加之现代知识更新又很快，所以要支持员工参加不同类型的学习和培训，以适应养猪业不断发展、变化的需要。猪场领导层的培训学习更为重要，要“众高一尺，已高一丈”，只有这样才能管理好下属，管理好猪场。海尔的张瑞敏先生曾说：部下素质低不是你的责任，但不能提高部下素质，便是你的责任。所以，老板、场长都要加强自我提升和对下属人员的培训。

培养每位员工的学习能力，不断地让每位员工了解新鲜的思想、新鲜的专业知识，提高每个人的技能，把“要我做”式的被动做事，变成“我要做”式的主动做事。使其具备较强的责任心和熟练的技术。定期开会，多做技术交流沟通，有条件的养殖场可以建立图书室，供员工业余时间阅读。

标准化养殖场在封闭的条件下，容易产生压抑感，再加以规章制度的严格约束性，难免会造成员工情绪低落，工作难以起激情，人员流失率高。通过培训引导员工形成与猪场共同的价值观和追求，配合人力资源管理，包括薪酬、考核、任免等制度和机制，让员工感到在这里工作有前途，能够实现自己的个人目标和价值。猪场流程多，岗位复杂，需要有团队合作精神。通过培训，统一员工思想，培养员工完成本职工作的自豪感和对猪场的归属感。让员工生活在一个“人人受重视、个个受尊重”的价值观念的指导下的文化氛围中，每个人的工作都会受到肯定，每个人的成绩都会受到领导的肯定，任何心理健康的成员都会得到满足、受到鼓舞，同时为进一步发挥个人才能，会不断地奋斗。

三、制度管理

(一)猪场目标管理制度

目标管理以制订目标为起点，以目标完成情况的考核为终结，以目标为导向，以人为中心，以成果为标准，从而使组织和个人取得最佳业绩的现代管理方法。它是一种程序和过程，它使组织中的上级和下级一起协商，根据组织的使命确定一定时期内的组织总目标，由此决定上、下级的责任和分目标，并把这些目标作为组织经营、评估和奖励每个单位和个人贡献的标准。不是用目标来控制下级，而是用它来激励下级。

目标管理又被称为“管理中的管理”，把工作和人的需要统一起来，激发员工们发现其工作的兴趣和价值，在工作中实行自我控制，通过努力工作满足其自我实现的需要，企业的共同目标也因之而实现。因此，很多管理者将目标作为一种计划和控制的手段，也成为一种激励员工或评价绩效的工具。

目标管理重视结果，强调自主、自治和自觉，并不等于管理者可以放手不管；相反，由于形成了目标体系，一环失误，就会牵动全局。因此，管理者在目标实施过程中应定期进行“进展总结”。由主管经理、当事者和业务团队一起，分析现状预期与目标的差距，找到弥补差距、完成目标的具体实施。

目标管理制度要素：①目标制订必须科学合理。②目标明确。养猪的目的就是为了共同把猪养好，共同盈利。任何动机不良的管理都会造成人与人之间的相互不信任。根据现代猪场的生产工艺流程，针对种公猪、种母猪、哺乳仔猪、保育猪和生长育肥猪的生理特征，分别从饲养目标、圈舍要求、饲养要点、疾病防治、综合评价和注意事项等多方面予以详细阐述，并附有各阶段的常备药物、各种数据和相关标准等。③督促检查必须贯穿始终。在目标管理的过程中，丝毫的懈怠和放任自流都可能贻害巨大。作为管理者，必须随时跟随每一个目标进展，发现问题应及时协商、及时处理、及时采取正确的补救措施，以确保目标运行方向正确、进展顺利。目标管理追求是结果，而过程的管控绝不能忽视。成本控制必须严肃认真。在督促检查的过程当中，必须对运行成本做严格控制，既要保证目标的顺利实现，又要把成本控制在合理的范围内。因为，任何目标的实现都不是不计成本的。④团队合作。提高行动一致性，产生同心协力的效果。员工明确老板的要求、老板照顾员工的需要，一切建立在平等关怀的基础之上。⑤上级正确的决策与员工良好的执行力。需要制定工作流程图，将工作内容明细化、可操作化。⑥考核评估必须执行到位。如果没有表扬奖励，没有批评处罚，员工可能会感到压力不足或动力不足。长久以往，对待设定的目标会淡漠处置，难以实现。

目标管理共三个阶段：①制订目标。目标管理在企业管理领域通常分为战略性目标、策略性目标以及方案、任务等。经营战略目标和高级策略目标由高级管理者制订；中级目标由中层管理者制订；初级目标由基层管理者制订；方案和任务由企业员工制订，并同每一个成员的应有成果相联系。自上而下的目标分解和自下而上的目标期望相结合，使企业的经营计划贯彻执行建立在员工们的主动性和积极性的基础之上，有效地把企业员工吸引到企业经营活动中来。②实现目标。目标管理以制定目标为起点，以目标完成情况的考核为终结。③对成果进行检查和评价。即把实现的成果同原来制订的目标相比较。工作成果是评定目标完成程度的标准，也是人事考核和奖评的依据，成为评价管理工作绩效的唯一标志。至于完成目标的具体过程、途径和方法，企业的上级管理部门不要过多干预，在目标管理制度下，监督的成分应减少，而控制目标实现的能力却应增强。

目标管理注重工作的效果，注重管理的综合性，建立目标责任制，是一种能更充分发挥员工的长处和责任心、能统一各种见解和努力、建立起集体协作、协调员工目标和公共利益目标的管理原则。

（二）技术操作规程制度

为保证养猪生产的顺利进行和可持续发展，维持猪群的健康，养猪从业者应严格遵守技术操作规程，确保猪场规范化、标准化生产，控制管理浪费；建立有效的生物安全体系，预防、控制和消灭猪的传染病；让猪场疫病防治工作规范化、科学化，控制猪群发病率、死亡率，减少疾病造成的损失。

技术操作规程内容包括：①生产性能、指标明确量化。配种准胎率、产仔数、饲养各阶段时间、成活率、生长报酬、生长速度等指标应尽可详细明确，以便于检查执行。②工作内容详细可操作。圈舍管理、猪群分群、病猪诊疗处理、免疫、驱虫、饲喂方法和数量、设备维修、报表等应详细明确，可操作性强。③工作日程。根据季节、猪生理需求等合理安排饲喂、诊疗、卫生等工作时间。

认真做好防疫工作，严格执行《猪场卫生防疫制度》；认真做好消毒工作，严格执行《消毒制度》；认真做好免疫工作，严格执行《猪场免疫制度》；认真做好驱虫工作，严格执行《驱虫制度》；认真做好配种工作，严格执行《配种技术操作规程》；认真做好诊疗工作，严格按《兽医技术操作规程》治疗用药；加强饲养管理，公猪、母猪、产房、保育、育肥各阶段严格按《技术操作规程细则》进行日常工作，发挥猪的最佳生产潜能。

（三）饲养档案制度

畜禽养殖档案管理是强化畜牧业管理的关键环节，是贯彻落实《畜牧法》和《动物防疫法》的重要内容和手段。加强畜禽养殖档案管理,有利于规范畜牧业生产行为,依法科学使用饲料、兽药等投入品,完善畜禽及其产品可追溯制度,保障畜禽产品质量和安全;有利于改善养殖条件,健全档案记录制度,有效防控重大动物疫病;有利于引导散养农户向规模化、标准化方向发展,加快畜牧业生产方式的转变。畜禽养殖场全面、准确地记录规定的各种信息和内容,提高养殖生产过程的透明度,保证全程监管"有据可查",从源头保证畜禽产品质量安全。县级动物疫病预防控制机构应当建立畜禽养殖场和畜禽养殖户的畜禽防疫档案,并相应增加畜禽标识代码(也称畜禽养殖代码)、畜禽标识顺序号和用药记录等内容。动物疫病预防控制机构要及时建立畜禽防疫档案,根据目前重大动物疫病防控需要,做好与免疫档案工作的衔接,确保各项防疫措施落到实处。

《畜牧法》和《畜禽标识和养殖档案管理办法》中规定:"畜禽养殖场应当建立养殖档案。"各区、县(市)(农林)畜牧兽医局应按照农业部制定的《畜禽养殖场养殖档案》和《种畜个体养殖档案》统一样本,督促和指导畜禽养殖场(小区)依法准确填写相关信息,指导养殖场(小区)做好档案保存工作,以备查验。档案保存时间为:商品猪、禽为2年,牛为20年,羊为10年,种畜禽长期保存。鼓励支持建立电子信息档案,推进养殖档案的规范化和信息化建设。

凡经备案登记的畜禽养殖场(小区)企业,建立养殖档案要达到100%。并开展不定期抽查,对在检查中发现未按要求建立养殖档案的,初次进行批评教育,拒不改正的注销其畜禽养殖代码;申报国家、省、市相关政策性扶持项目的畜禽养殖场(小区),必须建立科学的养殖档案制度和规范的养殖档案文书,凡没有建立养殖档案的,不再准予申报政府补贴类项目。

畜禽养殖场应当建立养殖档案,载明以下内容:①畜禽的品种、数量、繁殖记录、标识情况、来源和进出场日期;②饲料、饲料添加剂等投入品和兽药的来源、名称、使用对象、时间和用量等有关情况；③检疫、免疫、监测、消毒情况；④畜禽发病、诊疗、死亡和无害化处理情况；⑤畜禽养殖代码；⑥农业部规定的其他内容。

畜禽养殖场、养殖小区应当依法向所在地县级人民政府畜牧兽医行政主管部门备案，取得畜禽养殖代码。畜禽养殖代码由县级人民政府畜牧兽医行政主管部门按照备案顺序统一编号，每个畜禽养殖场、养殖小区只有一个畜禽养殖代码。畜禽养殖代码由6位县级行政区域代码和4位顺序号组成，作为养殖档案编号。

饲养种畜应当建立个体养殖档案，注明标识编码、性别、出生日期、父系和母系品种类型、母本的标识编码等信息。种畜调运时应当在个体养殖档案上注明调出和调入地，个体养殖档案应当随同调运。

从事畜禽经营的销售者和购买者应当向所在地县级动物疫病预防控制机构报告更新防疫档案相关内容。销售者或购买者属于养殖场的，应及时在畜禽养殖档案中登记畜禽标识编码及相关信息变化情况。

畜禽养殖场养殖档案及种畜个体养殖档案格式由农业部统一制定。

（四）物品管理制度

为更好地控制猪场物品的消耗，节约成本，规范物品的申购、领用、发放和管理工作，应制订相关物品管理制度。

1. 物品的购买 本着统一限量，控制各类物品使用量以及节约经费开支的原则，所有物品由公司分管部门统一购买。

根据物品库存量情况以及消耗水平，当物品库存不多或有关部门提出特殊要求的情况下，申请部门须填写申购单，经有关部门核准后，按照成本最小原则，选择直接去商店购买或订购的方式。采购人员须根据申购单有计划地及时采购，以保证供应。

2. 物品的入库 所有购入的物品都需严格检查品种、数量、质量、规格，是否与请购单相符，填写《入库单》，按手续验收入库。未办入库手续的，财务一律不予报销。

3. 物品的保管　物品保管库由管理员专人负责，保管实行“三清、两齐、两一致”原则，即材料清、账目清、数量清，摆放整齐、库房整齐，账、物一致。

所有入库办公物品，管理员都必须一一做好登记，并做好防虫、防潮等保全措施。

4. 物品的领用　公司各部门应本着节约的原则领取、使用物品。管理员对领用的物品做好领用登记手续，物品入库和发放应及时登记，确保月底对仓库进行盘点时，能够账物相符。特需办公物品一旦领用完时，应立即提出申购。耐用品于员工入职时按标准和需要发放，仓库管理员做好登记，已有领用记录的原则上不再增补，若破损、残旧需更换的必须以旧换新。

物品按规定时间发放，领用时应填《领料单》，易耗品价值在50元以下的易耗品经部门主管批准后，可直接向管理员领取；非易耗品或价值在50元以上的易耗品的领用，需经部门主管审核、办公室主任批准后方可领取。后勤消耗品领用时应以部门进行领取，再由后勤主管视情况分发给个人。

5. 物品等其他相关管理制度　耐用物品非正常损坏或丢失，由当事人赔偿。由各部门主管负责收回调离或离职人员的办公物品和劳保物品。消耗品应限定个人使用，自第二次领用起，必须以旧换新，但纯消耗品如橡皮擦等除外。管理品移交如有故障或损坏，应以旧换新，如遗失应由个人赔偿或自购。文具严禁带回家私用。员工对所领用的物品应做到物尽其用，不得浪费材料。如员工离职时，应将所领用相关物品交回所属部门主管处。

6. 废旧物品管理制度　规范废旧物资管理，加强对报废、积压、闲置物资的修旧利用，明确报废物资处理程序，提高综合经济效益。

(五)生猪出入场管理制度

1. 入场管理制度

第一,引进种猪应严格按照引种审批和 GB 16567 的规定执行,引入种猪品种应当是通过国家畜禽遗传资源管理委员会审定或鉴定的品种、配套系或国家批准引进的外来品种和配套系。种猪质量符合本品种相关标准。

第二,种猪必须来源于无规定动物疫病区,无一、二类传染病及其他对生产和产品影响较大的传染性疾病;且种源场具有种畜禽生产经营许可证,可提供种猪合格证明、有效检疫合格证明和种猪系谱。

第三,从省外引入种猪的,须经本市动物卫生监督所审批同意;因饲养需要跨省调运仔猪的,须向本市动物卫生监督所申报备案。

第四,跨省引入种猪和调运仔猪,必须按规定进行产地检疫、消毒,获得产地检疫合格证明。到达目的地后,需经市动物卫生监督所检查,对检查合格的集中隔离观察 15～30 天,确认健康后方能混群或分散饲养。

第五,引进种猪以前,对所引猪场进行疫情调查,必要时进行血清生物学检查,必须来自健康猪群。运输工具要严格消毒以后方可使用。

第六,种猪进场先转入隔离舍饲养 2～3 个月,由兽医主管亲自临床检查,隔离期间按本场的免疫程序进行疫苗接种,免疫合格后方可转入生产区种猪舍。

第七,引进育肥仔猪时,应从无一、二类传染病的猪场引进,并按规定进行严格隔离观察。

2. 出场管理制度

第一,生猪出栏上市,应当按规定时间向当地动物防疫检疫站申报检疫,经检疫合格后方可出栏。

第二,出场猪首先查阅生产记录、日龄、生长发育情况。

第三,对猪只的免疫情况、疫病发生情况进行临床检查,无任何传染病、寄生虫病症状和伤残情况;运输工具及装载器具经消毒处理,符合动物卫生要求,严格禁止带病猪出场。

第四,检查、审阅允许使用的药物饲料添加剂的休药期,并将情况填表登记。

第五,装运时,本场财务人员和育肥生产区兽医主管必须亲自到场,仔细检查、过磅收款。经当地动物检验、检疫部门检验合格、开具相关证明后,方可出场。

(六)兽药(疫苗)购进使用管理制度

兽药经营使用企业,应做好运输保障,建立兽药保管制度,采取必要的冷藏、防冻、防潮等措施,保持所经营兽药的质量。做好疫苗登记、兽药入库与出库工作,应当执行检查验收制度,并有准确记录;实行专人规范管理。

1. 生物制品出入库管理　使用单位和个人应建立真实、完整的疫苗出入库记录,记录应当注明名称、生产企业、剂型、规格、批号、有效期、批准文号、购销及分发单位、数量、价格、购销及分发日期、产品包装以及外观质量、储存温度、运输条件、批发合格证明编号、验收结论、验收人签名等。记录应当保存至超过疫苗有效期 2 年备查。

每月核对疫苗进出情况,日清月结,做到账、物相符。疫苗分发使用遵循“先短效期、后长效期”,以及“先产先出、先进先出、近效期先出”的原则,有计划地分发使用,避免浪费。

2. 生物制品储存与运输　各级疾病预防控制中心和预防接种单位应根据接种服务形式、冷链储存条件等情况确定国家免疫规划疫苗储存数量。原则上各级疫苗储存量为:省级 6 个月,市级

3个月，县级2个月，预防接种单位1个月。

储存和运输疫苗要注意防潮，避免和挥发性、腐蚀性物品存放在一起。运输疫苗时应按规定使用冷藏车，并在规定的温度下运输。未配冷藏车的单位，在领发疫苗时要将疫苗放在冷藏箱中运输。在接收疫苗时，接收单位要查验疫苗的冷藏条件，在规定的冷藏要求下运输的疫苗方可接收。

各级疾病预防控制中心和预防接种单位储存和运输疫苗时要按照《预防接种工作规范》和《疫苗储存与管理规范》有关规定严格执行，并对冷藏设施、设备和冷藏运输工具运行状况进行温度记录。

3. 兽药采购 兽药应由专人负责采购。采购的品种必须按照场内兽医专业人员开具的兽药计划购进目录来进行。购入的兽药必须来自有《兽药生产许可证》和产品批准文号的生产企业，或者具有《进口兽药许可证》的供应商。

所购兽药包装必须贴有标签，注明“兽用”字样并附有说明书，标签或说明书必须注明商标、兽药名称、规格、企业名称、产品批号和批准文号，写明兽药的主要成分、含量、作用、用途、用法、用量、有效期和注意事项等。

严禁购入下列产品：①未经农业部批准或已经淘汰的兽药；②未经国家畜牧兽医行政管理部门批准的用基因工程方法生产的兽药；③严禁购入农业部禁止使用和添加的盐酸克伦特罗、β-兴奋剂、镇静剂、激素类、砷制剂等国家规定的违禁药物、添加剂。

4. 兽药保存 保管员必须依照发票清单进行清点入库，兽药的保存要根据不同兽药、同一兽药的不同批次分别存放，并登记造册，包括兽药名称、生产厂家、购入日期、有效期、包装规格等。兽药的保存环境应符合其所规定的保存条件。

在保存过程中，保管员要随时检查药品的有效期及药品的感官变化：液体有无变浑浊、粉剂有无结块、冻干苗有无解冻、乳剂有无破乳等情况，发现有过期和感官变化的药品应报主治兽医，请示领导处理。

5. 兽药领用　兽药的发放顺序原则上执行“先进先出”的制度。饲养员不得随意领用兽药，必须依据兽医开具的诊断处方来领取。

6. 兽药使用　兽药的使用应注意以下几点：①兽药必须由兽医或在兽医专业人员的指导下严格按照药品所规定的用法、用量使用。②兽药的使用必须遵守本单位兽药使用的相关规定。③使用消毒防腐剂对饲养环境、厩舍、器具和猪群进行消毒，具体操作规程见公司卫生防疫制度中消毒制度。④使用疫苗对猪群进行预防，具体操作规程见公司卫生防疫制度中免疫接种技术规程。⑤中药的使用，必须是出自《中华人民共和国兽药典》二部及《中华人民共和国兽药规范》二部所收载的用于生猪的兽用中药材、中药成方制剂。⑥在临床兽医的指导下允许使用微量元素、微生态制剂、电解质、营养、维生素类、泻剂、收敛药和助消化药。⑦慎重使用麻醉药、镇痛药、镇静药、中枢兴奋药、化学保定药及骨骼肌松弛药。⑧只能使用国家批准的抗菌药和抗寄生虫药，且要严格遵守规定的用法和用量。⑨猪群在使用抗生素和抗寄生虫药后，必须按照规定的时间执行休药期，未做规定的药品，休药期不得少于28天。⑩建立并保存猪群的用药记录：治疗用药包括生猪编号、发病时间及症状、治疗用药名称（商品名及有效成分）、给药途径、给药剂量、疗程、治疗时间等，预防或促生长混饲给药记录包括药品名称（商品名及有效成分）给药剂量及疗程等。所有记录由兽医人员负责填写，定期上报生产办汇总、保存。

（七）饲料（添加剂）使用管理制度

第一，明确禁止使用物质的种类。禁止使用农业部公布禁用的物质以及对人体具有直接或者潜在危害的其他物质养殖生猪；禁止在反刍动物饲料中添加乳和乳制品以外的动物源性成分；禁止使用无产品标签、无产品质量标准、无产品质量检验合格证的饲料、饲料添加剂。

第二,规范养猪者的使用行为。养猪者应当按照产品使用说明和注意事项使用饲料,使用饲料添加剂的,应当遵守饲料添加剂安全使用规范。

第三,加强对自配饲料的管理。养猪者使用自行配制的饲料的,应当遵守自行配制饲料使用规范,并且不得对外提供。

(八)卫生防疫、消毒制度

严格认真地贯彻"预防为主,防重于治"的原则,有效控制病原微生物的存在及传播,预防传染病的发生。卫生防疫设施是养殖场重要的基础设施,也是减少和避免疾病发生的基础,特别是在规模化、集约化的饲养条件下更是如此。

目前许多养猪场卫生防疫设施薄弱,制度不健全,无专人监督管理,防疫消毒形同虚设,严重影响消毒效果和疾病控制,导致疫病流行连绵不断。

尽可能地杜绝外源性微生物进入本场,切断外界与本场病原微生物的传播途径,把病原微生物消灭、隔离在场区以外的一种消毒制度。养猪场生产区和生活区分开,入口处设消毒池,设置专门的隔离室和兽医室。

(九)猪场病死猪无害化处理制度

为控制病死猪的危害,国家立法管理病死猪无害化处理。根据《动物防疫法》、《畜牧法》、《动物检疫管理办法》和《动物防疫条件审查办法》等有关规定,从事动物养殖、屠宰加工、运输储藏等的单位和个人是动物及动物产品无害化处理的第一责任人,有关场所应配备无害化处理设施设备,建立无害化处理制度,动物卫生监督机构承担监管责任。对于饲养、运输、屠宰、加工、储藏等环节发现的病死及死因不明动物，有关单位和个人必须严格依照国家有关法律法规，做好病死动物及动物产品的报告、诊断及深埋、焚烧、化制等无害化处理工作。

国家补贴病死猪无害化处理。自 2011 年 11 月 15 日以后，对生猪规模养殖场无害化处理补助工作将列入常态化管理，每半年补助一次。这是继能繁母猪补贴、种猪、商品猪保险补贴等扶持政策后，国家对生猪规模养殖的又一扶持政策，对防疫灭病，促进生猪发展和提高猪肉质量安全、保证病死猪“不宰杀、不销售、不转运、不食用、不乱抛乱弃、就地进行无害化处理”的“五不一处理”措施的落实，将产生积极而深远的影响。生猪规模化养殖场无害化处理补助从 3 月份开始报送报表，每年 6 月份、11 月份向国家申请补助。按规定，对于没有规范建立养殖档案或年出栏生猪 50 头以下的，不在补助之列。

(十)疫情监测报告制度

1. 义务报告　驻场(小区)兽医当怀疑发生传染病时，应立即向当地动物卫生监督机构或畜牧兽医站报告。

2. 临时性措施

一是将可疑传染病病猪隔离，派人专管和看护。

二是对病猪停留过的地方和污染的环境、用具进行消毒。

三是病猪死亡时，应将其尸体完整地保存下来。

四是在法定疫病认定人到来之前，不得随意急宰，病猪的皮、肉、内脏未经兽医检查不许食用。

五是发生可疑需要封锁的传染病时，禁止畜禽进出养猪场(小区)。

六是限制人员流动。

3. 报告内容

一是发病的时间和地点。

二是发病动物种类和数量、同群动物数量、免疫情况、死亡数量、临床症状、病理变化、诊断情况。

三是已采取的控制措施。

四是疫情报告的单位、负责人、报告人及联系方式。

4. 报告方式 书面报告或电话报告，紧急情况时应电话报告。

（十一）环保管理制度

第一，畜禽养殖场必须设置畜禽废渣的储存设施和场所。采取对储存场所地面进行水泥硬化等措施，防止畜禽废渣渗漏、散落、溢流、雨水淋失、恶臭气味等对周围环境造成污染和危害。畜禽养殖场应当保持环境整洁，采取清污分流和粪尿的干湿分离等措施，实现清洁养殖。

第二，畜禽养殖场应采取将畜禽废渣还田、生产沼气、制造有机肥料、制造再生饲料等方法进行综合利用。用于直接还田利用的畜禽粪便，应当经处理达到规定的无害化标准，防止病菌传播。

第三，禁止向水体倒畜禽废渣。

第四，密切关注畜禽生长情况，做好记录，发现病死或不明死因的畜禽应立即报告有关部门，并采取无害化处理，不得乱扔乱弃。

第五，运输畜禽废渣，必须采取防渗漏、防流失、防遗撒及其他防止污染环境的措施，妥善处置贮运工具清洗废水。

（十二）生产人员培训制度

在生猪产业向规模化、标准化转型的关键时期，围绕科学管理和防疫规范等产业突出问题，加大培训力度，提高产业管理水平，使规模场动物防疫工作制度化、规范化。强化防疫和畜产品质量安全意识，提高从业人员的业务素质，规范从业行为，增强规模场动物疫病防治能力，对于保障生猪产业健康稳定发展和公共卫生安全极为重要。把握产业发展的关键环节：品种优良化、养殖规模化、生产标准化、资格准入化、经营产业化、环境生态化、产品无公害化等要素；广大养殖人员要提高安全意识，增强责任感，紧绷质量安全之弦，保证养猪产业和产品质量安全。

第一，工作人员及时掌握国家有关部门对养殖、无公害农业生产的有关政策、法律、法规等，充分理解安全食品、无公害产品的含义、技术标准和各项准则等。

第二，对新上岗的工作人员，分不同岗位做好岗前培训。

第三，定期检查、总结生产上存在的问题，及时地研究出解决方案；针对工作人员的操作情况，及时做好技术培训。有计划地布置下一阶段的工作，使生产有条不紊地进行。

第四，对进场工作人员每季度做一次考核，对不合格者，及时做出相应处理。提高饲养人员、管理人员的技术素质，进而提高全场生产的管理水平。

第五，鉴于养猪技术的快速发展，定期聘请专家来场做专题讲座，不断提高生猪饲养管理水平。

四、养殖备案管理

养殖备案是各省、自治区、直辖市畜牧兽医行政主管部门依照《畜牧法》等相关法律、法规和有关政策，对辖区内开办畜禽养殖场、养殖小区的选址、规模标准、养殖条件予以核查确认，并进行信息收集管理的行为。县级畜牧兽医行政主管部门负责本行政区域内畜禽养殖备案管理工作，负责对外公布办理畜禽养殖备案的条件、程序。省(市)人民政府动物卫生监督行政主管部门负责畜禽养殖场、养殖小区备案工作的监督、检查和指导。

标准化备案养殖管理是为了加快推进畜牧业生产方式转变，保障畜产品质量安全，维护畜牧业生产经营者的合法权益，促进畜牧业持续健康发展。规范畜牧业生产经营活动，加强畜禽养殖场、养殖小区管理，在各行政区域内开办畜禽养殖场、养殖小区的单位和个人，必须遵守养殖备案标准化管理，依法进行养殖备案。

养殖备案办法中所称畜禽养殖场是指饲养某一特定畜禽、具备一定条件的规模养殖场。畜禽养殖小区是指在某地集中建造畜禽栏舍，饲养某一特定畜禽、具备一定条件、由多户农民分户饲养、实行统一办法管理的畜禽饲养园区。

养猪场备案程序如下。

(一)申　请

1. 新建畜禽养殖场、养殖小区　在施工前规定日期，畜禽养殖者应将工程设计方案、平面图一式三份，报所在地县级动物卫生监督行政主管部门。县级人民政府动物卫生监督行政主管部门在限定工作日内完成审核，对不符合备案条件的应下达整改意见。畜禽养殖场、养殖小区基础设施建成后规定时间内，畜禽养殖者应向所在地县级动物卫生监督行政主管部门提交《畜禽养殖场、养殖小区备案表》等相关材料。

2. 本办法发布前已建成的畜禽养殖场、养殖小区　应自本办法发布之日起规定时间内申请备案，取得畜禽标识代码。

畜禽养殖场、养殖小区兴办者填写《畜禽养殖场、养殖小区备案表》，向所在地县级畜牧兽医行政主管部门或其派出机构、委托机构提出申请，需提交以下六个材料：①备案登记表；②畜禽养殖者身份证明原件及复印件；③动物防疫条件合格证原件及复印件；④养殖场、养殖小区的区位图、平面布局图；⑤生产管理和畜禽防疫制度；⑥污染防治设施验收文件。

(二)核　实

县级人民政府动物卫生监督行政主管部门自接到畜禽养殖

场、养殖小区备案材料后规定工作日内，对畜禽养殖场、养殖小区进行现场核查。核查不合格的，出具不予备案通知书，并说明理由。对符合下列条件的，给予备案登记，核发畜禽标识代码。至少有2名畜牧兽医专业中级及以上职称的人员，实行组长负责制。分别对六个方面进行核实：①饲养规模是否达到备案标准；②是否有与其饲养规模相适应的生产场所和配套的生产设施；③是否有相对固定为其服务的畜牧兽医技术人员；④是否具备法律、行政法规和国务院畜牧兽医行政主管部门规定的防疫条件；⑤是否有对畜禽养殖废弃物进行综合利用和处理的设施；⑥是否具备法律、行政法规规定的其他条件。

(三)登　记

核实结束后，核实人员填写核实意见，并经组长签字后，报县(市、区)畜牧兽医行政主管部门审核盖章，一份交养殖场(小区)，一份存档。

达到备案要求且情况属实的，予以登记备案，发给畜禽养殖代码。情况不属实的，不予备案并书面告知理由。不符合条件的，应当提出整改要求，达到条件要求后给予备案。

备案格式由省级畜牧兽医行政主管部门统一制定；畜禽养殖代码由县级人民政府畜牧兽医行政主管部门根据国家和省的规定统一编号。畜禽养殖代码由6位县级行政区域代码和4位顺序号组成。畜禽养殖代码实行一场一号，同一企业在不同区域建设的规模养殖场(小区)应在相对应的所在地备案，取得不同的畜禽养殖代码。畜禽养殖场、养殖小区备案，不得收取任何费用。

县级人民政府畜牧兽医行政主管部门应当将备案的畜禽养殖场、养殖小区，及时通报同级环境保护行政主管部门，并按规定汇总报上一级畜牧兽医行政主管部门。畜禽养殖场、养殖小区的名称、养殖者、养殖地址、畜禽品种或者养殖规模发生变化的，应当向原备案的畜牧兽医行政主管部门申请变更；畜牧兽医行政主管部门应当在15个工作日内完成备案变更手续。

(四)监　督

畜牧兽医行政主管部门要对备案养殖场、养殖小区进行监督抽查。对以提供虚假材料等不正当手段取得备案的、不符合备案条件的，应取消其备案资格，注销畜禽标识代码，并向社会公布。县级畜牧兽医行政主管部门应将畜禽养殖场、养殖小区的备案情况进行汇总，每半年将汇总情况向省、市畜牧兽医行政主管部门报告。

附　录

附录一　猪饲养标准(摘要)(NY/T 65—2004)

附表 1-1　瘦肉型生长肥育猪每千克饲粮养分含量

(自由采食,88%干物质)[a]

项　目	体重(千克)				
	3～8	8～20	20～35	35～60	60～90
平均体重(千克)	5.5	14.0	27.5	47.5	75.0
日增重(千克/天)	0.24	0.44	0.61	0.69	0.80
采食量(千克/天)	0.30	0.74	1.43	1.90	2.50
饲料/增重	1.25	1.59	2.34	2.75	3.13
饲粮消化能含量(兆焦/千克)(千卡/千克)	14.02(3350)	13.60(3250)	13.39(3200)	13.39(3200)	13.39(3200)
饲粮代谢能含量(兆焦/千克)[b](千卡/千克)	13.46(3215)	13.06(3120)	12.86(3070)	12.86(3070)	12.86(3070)
粗蛋白质(%)	21.0	19.0	17.8	16.4	14.5
能量蛋白比(兆焦/%)(千卡/%)	668(160)	716(170)	752(180)	817(195)	923(220)
赖氨酸能量比(克/兆焦)(克/兆卡)	1.01(4.24)	0.85(3.56)	0.68(2.83)	0.61(2.56)	0.53(2.19)
氨基酸[c](%)					
赖氨酸	1.42	1.16	0.90	0.82	0.70
蛋氨酸	0.40	0.30	0.24	0.22	0.19

续附表 1-1

项　目	体重(千克)				
	3～8	8～20	20～35	35～60	60～90
蛋氨酸+胱氨酸	0.81	0.66	0.51	0.48	0.40
苏氨酸	0.94	0.75	0.58	0.56	0.48
色氨酸	0.27	0.21	0.16	0.15	0.13
异亮氨酸	0.79	0.64	0.48	0.46	0.39
亮氨酸	1.42	1.13	0.85	0.78	0.63
精氨酸	0.56	0.46	0.35	0.30	0.21
缬氨酸	0.98	0.80	0.61	0.57	0.47
组氨酸	0.45	0.36	0.28	0.26	0.21
苯丙氨酸	0.85	0.69	0.52	0.48	0.40
苯丙氨酸+酪氨酸	1.33	1.07	0.82	0.77	0.64
矿物质元素[d](%或每千克饲粮含量)					
钙(%)	0.88	0.74	0.62	0.55	0.49
总磷(%)	0.74	0.58	0.53	0.48	0.43
非植酸磷(%)	0.54	0.36	0.25	0.20	0.17
钠(%)	0.25	0.15	0.12	0.10	0.10
氯(%)	0.25	0.15	0.10	0.09	0.08
镁(%)	0.04	0.04	0.04	0.04	0.04
钾(%)	0.30	0.26	0.24	0.21	0.18
铜(毫克)	6.00	6.00	4.50	4.00	3.50
碘(毫克)	0.14	0.14	0.14	0.14	0.14
铁(毫克)	105	105	70	60	50
锰(毫克)	4.00	4.00	3.00	2.00	2.00
硒(毫克)	0.30	0.30	0.30	0.25	0.25
锌(毫克)	110	110	70	60	50

续附表 1-1

项　目	体重（千克）				
	3～8	8～20	20～35	35～60	60～90
维生素和脂肪酸[e]（%或每千克饲粮含量）					
维生素 A（单位[f]）	2200	1800	1500	1400	1300
维生素 D_3（单位[g]）	220	200	170	160	150
维生素 E（单位[h]）	16	11	11	11	11
维生素 K（毫克）	0.50	0.50	0.50	0.50	0.50
硫胺素（毫克）	1.50	1.00	1.00	1.00	1.00
核黄素（毫克）	4.00	3.50	2.50	2.00	2.00
泛酸（毫克）	12.00	10.00	8.00	7.50	7.00
烟酸（毫克）	20.00	15.00	10.00	8.50	7.50
吡哆醇（毫克）	2.00	1.50	1.00	1.00	1.00
生物素（毫克）	0.08	0.05	0.05	0.05	0.05
叶酸（毫克）	0.30	0.30	0.30	0.30	0.30
维生素 B_{12}（微克）	20.00	17.50	11.00	8.00	6.00
胆碱（克）	0.60	0.50	0.35	0.30	0.30
亚油酸（%）	0.10	0.10	0.10	0.10	0.10

注：a. 瘦肉率高于56%的公、母混养猪群（阉公猪和青年母猪各一半）

b. 假定代谢能为消化能的96%

c. 3～20千克猪的赖氨酸百分比是根据试验和经验数据的估测值，其他氨基酸需要量是根据其与赖氨酸的比例（理想蛋白质）的估测值；20～90千克猪的赖氨酸需要量是结合生长模型、试验数据和经验数据的估测值，其他氨基酸需要量是根据其与赖氨酸的比例（理想蛋白质）的估测值

d. 矿物质需要量包括饲料原料中提供的矿物质量；对于发育公猪和后备母猪，钙、总磷和有效磷的需要量应提高0.05～0.1个百分点

e. 维生素需要量包括饲料原料中提供的维生素量

f. 1单位维生素 A=0.344微克维生素 A 醋酸酯

g. 1单位维生素 D_3=0.025微克胆钙化醇

h. 1单位维生素 E=0.67毫克 D-α-生育酚或1毫克 DL-α-生育酚醋酸酯

附表 1-2　瘦肉型生长肥育猪每日每头养分需要量

(自由采食,88%干物质)[a]

项　　目	体重（千克）				
	3～8	8～20	20～35	35～60	60～90
平均体重（千克）	5.5	14.0	27.5	47.5	75.0
日增重（千克/天）	0.24	0.44	0.61	0.69	0.80
采食量（千克/天）	0.30	0.74	1.43	1.90	2.50
饲料/增重	1.25	1.59	2.34	2.75	3.13
饲粮消化能含量（兆焦/天）（千卡/天）	4.21(1005)	10.06(2405)	19.15(4575)	25.44(6080)	33.48(8000)
饲粮代谢能含量（兆焦/天）[b]（千卡/天）	4.04(965)	9.66(2310)	18.39(4390)	24.43(5835)	32.15(7675)
粗蛋白质（%）	63	141	255	312	363
氨基酸[c]（克/天）					
赖氨酸	4.3	8.6	12.9	15.6	17.5
蛋氨酸	1.2	2.2	3.4	4.2	4.8
蛋氨酸＋胱氨酸	2.4	4.9	7.3	9.1	10.0
苏氨酸	2.8	5.6	8.3	10.6	12.0
色氨酸	0.8	1.6	2.3	2.9	3.3
异亮氨酸	2.4	4.7	6.7	8.7	9.8
亮氨酸	4.3	8.4	12.2	14.8	15.8
精氨酸	1.7	3.4	5.0	5.7	5.5
缬氨酸	2.9	5.9	8.7	10.8	11.8
组氨酸	1.4	2.7	4.0	4.9	5.5
苯丙氨酸	2.6	5.1	7.4	9.1	10.0
苯丙氨酸＋酪氨酸	4.0	7.9	11.7	14.6	16.0

续附表 1-2

项　目	体重（千克）				
	3～8	8～20	20～35	35～60	60～90
矿物质元素[d]（克或毫克/天）					
钙（克）	2.64	5.48	8.87	10.45	12.25
总磷（克）	2.22	4.29	7.58	9.12	10.75
非植酸磷（克）	1.62	2.66	3.58	3.80	4.25
钠（克）	0.75	1.11	1.72	1.90	2.50
氯（克）	0.75	1.11	1.43	1.71	2.00
镁（克）	0.12	0.30	0.57	0.76	1.00
钾（克）	0.90	1.92	3.43	3.99	4.50
铜（毫克）	1.80	4.44	6.44	7.60	8.75
碘（毫克）	0.04	0.10	0.20	0.27	0.35
铁（毫克）	31.50	77.70	100.10	114.00	125.00
锰（毫克）	1.20	2.96	4.29	3.80	5.00
硒（毫克）	0.09	0.22	0.43	0.48	0.63
锌（毫克）	33.00	81.40	100.10	114.00	125.00
维生素和脂肪酸[e]（国际单位、克、毫克或微克/天）					
维生素 A（单位[f]）	660	1330	2145	2660	3250
维生素 D_3（单位[g]）	66	148	243	304	375
维生素 E（单位[h]）	5	8.5	16	21	28
维生素 K（毫克）	0.15	0.37	0.72	0.95	1.25
硫胺素（毫克）	0.45	0.74	1.43	1.90	2.50
核黄素（毫克）	1.20	2.59	3.58	3.80	5.00

续附表 1-2

项　目	体重（千克）				
	3～8	8～20	20～35	35～60	60～90
泛酸（毫克）	3.60	7.40	11.44	14.25	17.50
烟酸（毫克）	6.00	11.10	14.30	16.15	18.75
吡哆醇（毫克）	0.60	1.11	1.43	1.90	2.50
生物素（毫克）	0.02	0.04	0.07	0.10	0.13
叶酸（毫克）	0.09	0.22	0.43	0.57	0.75
维生素 B_{12}(微克)	6.00	12.95	15.73	15.20	15.00
胆碱（克）	0.18	0.37	0.50	0.57	0.75
亚油酸（克）	0.30	0.74	1.43	1.90	2.50

注：a. 瘦肉率高于56%的公、母混养猪群(阉公猪和青年母猪各一半)

b. 假定代谢能为消化能的96%

c. 3～20千克猪的赖氨酸每日需要量是用附表1-1中的百分率乘以采食量的估测值，其他氨基酸需要量是根据其与赖氨酸的比例(理想蛋白质)的估测值；20～90千克猪的赖氨酸需要量是根据生长模型的估测值，其他氨基酸需要量是根据其与赖氨酸的比例(理想蛋白质)的估测值

d. 矿物质需要量包括饲料原料中提供的矿物质量；对于发育公猪和后备母猪，钙、总磷和有效磷的需要量应提高0.05～0.1个百分点

e. 维生素需要量包括饲料中提供的维生素量

f. 1单位维生素A=0.344微克维生素A醋酸酯

g. 1单位维生素 D_3=0.025微克胆钙化醇

h. 1单位维生素E=0.67毫克D-α-生育酚或1毫克DL-α-生育酚醋酸酯

附表 1-3　瘦肉型妊娠母猪每千克饲粮养分含量

(88%干物质)[a]

项　目	妊娠前期			妊娠后期		
配种体重(千克[b])	120～150	150～180	>180	120～150	150～180	>180
预期窝产仔数	10	11	11	10	11	11
采食量(千克/天)	2.10	2.10	2.00	2.60	2.80	3.00
饲粮消化能含量(兆焦/千克)(千卡/千克)	12.75(3050)	12.35(2950)	12.15(2900)	12.75(3050)	12.55(3000)	12.55(3000)
饲粮代谢能含量(兆焦/千克)[c](千卡/千克)	12.25(2930)	11.85(2830)	11.65(2800)	12.25(2930)	12.05(2880)	12.05(2880)
粗蛋白质(%[d])	13.0	12.0	12.0	14.0	13.0	12.0
能量蛋白比(兆焦/%)(千卡/%)	981(235)	1029(246)	1013(242)	911(218)	965(231)	1045(250)
赖氨酸能量比(克/兆焦)(克/兆卡)	0.42(1.74)	0.40(1.67)	0.38(1.58)	0.42(1.74)	0.41(1.70)	0.38(1.60)
氨基酸(%)						
赖氨酸	0.53	0.49	0.46	0.53	0.51	0.48
蛋氨酸	0.14	0.13	0.12	0.14	0.13	0.12
蛋氨酸+胱氨酸	0.34	0.32	0.31	0.34	0.33	0.32
苏氨酸	0.40	0.39	0.37	0.40	0.40	0.38
色氨酸	0.10	0.09	0.09	0.10	0.09	0.09
异亮氨酸	0.29	0.28	0.26	0.29	0.29	0.27
亮氨酸	0.45	0.41	0.37	0.45	0.42	0.38
精氨酸	0.06	0.02	0.00	0.06	0.02	0.00
缬氨酸	0.35	0.32	0.30	0.35	0.33	0.31
组氨酸	0.17	0.16	0.15	0.17	0.17	0.16

续附表 1-3

项　目	妊娠前期			妊娠后期		
苯丙氨酸	0.29	0.27	0.25	0.29	0.28	0.26
苯丙氨酸+酪氨酸	0.49	0.45	0.43	0.49	0.47	0.44
矿物质元素[e](%或每千克饲粮含量)						
钙(%)	0.68					
总磷(%)	0.54					
非植酸磷(%)	0.32					
钠(%)	0.14					
氯(%)	0.11					
镁(%)	0.04					
钾(%)	0.18					
铜(毫克)	5.0					
碘(毫克)	0.13					
铁(毫克)	75.0					
锰(毫克)	18.0					
硒(毫克)	0.14					
锌(毫克)	45.0					
维生素和脂肪酸(%或每千克饲粮含量[f])						
维生素 A(单位[g])	3620					
维生素 D_3(单位[h])	180					
维生素 E(单位[i])	40					
维生素 K(毫克)	0.50					
硫胺素(毫克)	0.90					

续附表 1-3

项　目	妊娠前期	妊娠后期
核黄素(毫克)	3.40	
泛酸(毫克)	11	
烟酸(毫克)	9.05	
吡哆醇(毫克)	0.90	
生物素(毫克)	0.19	
叶酸(毫克)	1.20	
维生素 B_{12}(微克)	14	
胆碱(克)	1.15	
亚油酸(%)	0.10	

注：a. 消化能、氨基酸是根据国内试验报告、企业经验数据和 NRC(1998)妊娠模型得到的

b. 妊娠前期指妊娠前 12 周,妊娠后期指妊娠后 4 周;“120～150 千克”阶段适用于初产母猪和因泌乳期消耗过度的经产母猪,“150～180 千克”阶段适用于自身尚有生长潜力的经产母猪,“180 千克以上”指达到标准成年体重的经产母猪,其对养分的需要量不随体重增长而变化

c. 假定代谢能为消化能的 96%

d. 以玉米-豆粕型日粮为基础确定

e. 矿物质需要量包括饲料原料中提供的矿物质

f. 维生素需要量包括饲料原料中提供的维生素量

g. 1 单位维生素 A=0.344 微克维生素 A 醋酸酯

h. 1 单位维生素 D_3=0.025 微克胆钙化醇

i. 1 单位维生素 E=0.67 毫克 D-α-生育酚或 1 毫克 DL-α-生育酚醋酸酯

附表 1-4　瘦肉型泌乳母猪每千克饲粮养分含量　(88%干物质)[a]

项　目	分娩体重(千克)			
	140～180		180～240	
泌乳期体重变化(千克)	0.0	−10.0	−7.5	−15
哺乳窝仔数(头)	9	9	10	10
采食量(千克/天)	5.25	4.65	5.65	5.20
饲粮消化能含量(兆焦/千克)(千卡/千克)	13.80(3300)	13.80(3300)	13.80(3300)	13.80(3300)
饲粮代谢能含量(兆焦/千克)[b](千卡/千克)	13.25(3170)	13.25(3170)	13.25(3170)	13.25(3170)
粗蛋白质(%[c])	17.5	18.0	18.0	18.5
能量蛋白比(千焦/%)(千卡/%)	789(189)	767(183)	767(183)	746(178)
赖氨酸能量比(克/兆焦)(克/兆卡)	0.64(2.67)	0.67(2.82)	0.66(2.76)	0.68(2.85)
氨基酸(%)				
赖氨酸	0.88	0.93	0.91	0.94
蛋氨酸	0.22	0.24	0.23	0.24
蛋氨酸+胱氨酸	0.42	0.45	0.44	0.45
苏氨酸	0.56	0.59	0.58	0.60
色氨酸	0.16	0.17	0.17	0.18
异亮氨酸	0.49	0.52	0.51	0.53
亮氨酸	0.95	1.01	0.98	1.02
精氨酸	0.48	0.48	0.47	0.47

续附表 1-4

项　目	分娩体重（千克）			
	140～180		180～240	
缬氨酸	0.74	0.79	0.77	0.81
组氨酸	0.34	0.36	0.35	0.37
苯丙氨酸	0.47	0.50	0.48	0.50
苯丙氨酸+酪氨酸	0.97	1.03	1.00	1.04
矿物质元素[d]（%或每千克饲粮含量）				
钙（%）	0.77			
总磷（%）	0.62			
非植酸磷（%）	0.36			
钠（%）	0.21			
氯（%）	0.16			
镁（%）	0.04			
钾（%）	0.21			
铜（毫克）	5.0			
碘（毫克）	0.14			
铁（毫克）	80.0			
锰（毫克）	20.5			
硒（毫克）	0.15			
锌（毫克）	51.0			

续附表 1-4

项　目	分娩体重（千克）	
	140～180	180～240
维生素和脂肪酸（%或每千克饲粮含量[e]）		
维生素 A（单位[f]）	2050	
维生素 D_3（单位[g]）	205	
维生素 E（单位[h]）	45	
维生素 K（毫克）	0.5	
硫胺素（毫克）	1.00	
核黄素（毫克）	3.85	
泛酸（毫克）	12	
烟酸（毫克）	10.25	
吡哆醇（毫克）	1.00	
生物素（毫克）	0.21	
叶酸（毫克）	1.35	
维生素 B_{12}（微克）	15.0	
胆碱（克）	1.00	
亚油酸（%）	0.10	

注：a. 由于国内缺乏哺乳母猪的试验数据，消化能和氨基酸是根据国内一些企业的经验数据和 NRC(1998)的泌乳模型得到的

b. 假定代谢能为消化能的 96%

c. 以玉米-豆粕型日粮为基础确定

d. 矿物质需要量包括饲料原料中提供的矿物质

e. 维生素需要量包括饲料原料中提供的维生素量

f. 1 单位维生素 A=0.344 微克维生素 A 醋酸酯

g. 1 单位维生素 D_3=0.025 微克胆钙化醇

h. 1 单位维生素 E=0.67 毫克 D-α-生育酚或 1 毫克 DL-α-生育酚醋酸酯

附表 1-5　配种公猪每千克饲粮养分含量和每日每头养分需要量

(88%干物质)[a]

饲粮消化能含量(兆焦/千克)(千卡/千克)	12.95(3100)	12.95(3100)
饲粮代谢能含量(兆焦/千克)[b](千卡/千克)	12.45(2975)	12.45(2975)
消化能摄入量(兆焦/千克)(千卡/千克)	28.49(6820)	28.49(6820)
代谢能摄入量(兆焦/千克)(千卡/千克)	27.39(6545)	27.39(6545)
采食量 (千克/天)[c]	2.2	2.2
粗蛋白质 (%[d])	13.5	13.50
能量蛋白比 (千焦/%) (千卡/%)	959(230)	959(230)
赖氨酸能量比 (克/兆焦) (克/兆卡)	0.42(1.78)	0.42(1.78)
需要量		
	每千克饲粮中含量	每日需要量
氨基酸		
赖氨酸	0.55%	12.1 克
蛋氨酸	0.15%	3.31 克
蛋氨酸+胱氨酸	0.38%	8.4 克
苏氨酸	0.46%	10.1 克
色氨酸	0.11%	2.4 克
异亮氨酸	0.32%	7.0 克
亮氨酸	0.47%	10.3 克
精氨酸	0.00%	0.0 克
缬氨酸	0.36%	7.9 克
组氨酸	0.17%	3.7 克

续附表 1-5

苯丙氨酸	0.30%	6.6 克
苯丙氨酸＋酪氨酸	0.52%	11.4 克
矿物质元素[e]		
钙	0.70%	15.4 克
总　磷	0.55%	12.1 克
有效磷	0.32%	7.04 克
钠	0.14%	3.08 克
氯	0.11%	2.42 克
镁	0.04%	0.88 克
钾	0.20%	4.40 克
铜	5 毫克	11.0 毫克
碘	0.15 毫克	0.33 毫克
铁	80 毫克	176.00 毫克
锰	20 毫克	44.00 毫克
硒	0.15 毫克	0.33 毫克
锌	75 毫克	165 毫克
维生素和脂肪酸[f]		
维生素 A[g]	4000 单位	8800 单位
维生素 D_3[h]	220 单位	485 单位
维生素 E[i]	45 单位	100 单位
维生素 K	0.50 毫克	1.10 毫克
硫胺素	1.0 毫克	2.20 毫克

续附表 1-5

维生素和脂肪酸[f]		
核黄素	3.5 毫克	7.70 毫克
泛　酸	12 毫克	26.4 毫克
烟　酸	10 毫克	22 毫克
吡哆醇	1.0 毫克	2.20 毫克
生物素	0.20 毫克	0.44 毫克
叶　酸	1.30 毫克	2.86 毫克
维生素 B_{12}	15 微克	33 微克
胆　碱	1.25 克	2.75 克
亚油酸	0.1%	2.2 克

注：a. 需要量的制定以每日采食 2.2 千克饲粮为基础，采食量需根据公猪的体重和期望的增重进行调整

b. 假定代谢能为消化能的 96%

c. 配种前一个月采食量增加 20%～25%，冬季严寒期采食量增加 10%～20%

d. 以玉米-豆粕型日粮为基础确定的

e. 矿物质需要量包括饲料原料中提供的矿物质

f. 维生素需要量包括饲料原料中提供的维生素量

g. 1 单位维生素 A＝0.344 微克维生素 A 醋酸酯

h. 1 单位维生素 D_3＝0.025 微克胆钙化醇

i. 1 单位维生素 E＝0.67 毫克 D-α-生育酚或 1 毫克 DL-α-生育酚醋酸酯

附录二　生活饮用水卫生标准(摘要)(GB 5749—2006)

1. 微生物指标①

指　标	限　值
总大肠菌群(MPN/100mL 或 CFU/100mL)	不得检出
耐热大肠菌群(MPN/100mL 或 CFU/100mL)	不得检出
大肠埃希氏菌(MPN/100mL 或 CFU/100mL)	不得检出
菌落总数(CFU/mL)	100

2. 毒理指标

指　标	限　值	指　标	限　值
砷(mg/L)	0.01	硝酸盐(以 N 计,mg/L)	10 地下水源限制时为 20
镉(mg/L)	0.005	三氯甲烷(mg/L)	0.06
铬(六价,mg/L)	0.05	四氯化碳(mg/L)	0.002
铅(mg/L)	0.01	溴酸盐(使用臭氧时,mg/L)	0.01
汞(mg/L)	0.001	甲醛(使用臭氧时,mg/L)	0.9
硒(mg/L)	0.01	亚氯酸盐(使用二氧化氯消毒时,mg/L)	0.7
氰化物(mg/L)	0.05	氯酸盐(使用复合二氧化氯消毒时,mg/L)	0.7
氟化物(mg/L)	1.0		

续附录 2

3. 感官性状和一般化学指标

指　标	限　值	指　标	限　值
色度(铂钴色度单位)	15	锌(mg/L)	1.0
浑浊度(散射浊度单位)/NTU	1 水源与净水技术条件限制时为 3	氯化物(mg/L)	250
臭和味	无异臭、异味	硫酸盐(mg/L)	250
肉眼可见物	无	溶解性总固体(mg/L)	1000
pH	不小于 6.5 且不大于 8.5	总硬度(以 $CaCO_3$ 计,mg/L)	450
铝(mg/L)	0.2	耗氧量(COD_{Mn}法,以 O_2 计,mg/L)	3 水源限制,原水耗氧量>6mg/L 时为 5
铁(mg/L)	0.3	挥发酚类(以苯酚计,mg/L)	0.002
锰(mg/L)	0.1	阴离子合成洗涤剂(mg/L)	0.3
铜(mg/L)	1.0		

4. 放射性指标②

指　标	指导值	放射性指标	指导值
总 α 放射性(Bq/L)	0.5	总 β 放射性(Bq/L)	1

注:①MPN 表示最可能数;CFU 表示菌落形成单位。当水样检出总大肠菌群时,应进一步检验大肠埃希氏菌或耐热大肠菌群;水样未检出总大肠菌群,不必检验大肠埃希氏菌或耐热大肠菌群

②放射性指标超过指导值,应进行核素分析和评价,判定能否饮用